Reversing Declines
The Art of Closing Deals

上癮式成交

與客戶零距離的銷售心理學

互惠誘導 × 現場示範 × 數據引用 × 增加曝光度

賣不出去不是產品差,是業務缺乏仔細觀察!

不斷向顧客強調「便宜」,對方可能以為你瞧不起他
考量每個人心理承受度不同,推銷要循序漸進地展開
業務「自嗨」沒人理,透過名人加持說服力立刻翻倍

厲鉞 著

為了與客戶拓展話題,平常就要多領域學習;
在推銷中加點心理學技巧,任憑顧客再刁鑽都招架不住!

目 錄

第一章
客戶不是購買商品，而是購買推銷商品的人

銷售產品前，先推銷你自己……………………010

你的微笑價值百萬………………………………014

真正的推銷對話，應該是相互應答的過程………018

善於傾聽客戶的心聲……………………………022

用幽默化解銷售中的尷尬………………………026

讓每一次推銷都充滿人情味……………………029

百問不倒的專業能力……………………………032

營造融洽的購買氣氛……………………………039

學會恰當地收場與道別…………………………042

第二章
看穿客戶的消費心理，開啟客戶的心門

物美價廉的商品，誰不想要呢…………………048

名人也買過的東西，肯定錯不了………………051

高帽子客戶都愛戴 ……………………………………053
你不賣，顧客偏要買 …………………………………056
顧客很樂意別人向他請教 ……………………………061
「數量有限」：讓顧客擔心再也買不到 ……………064
顧客受不了別人示弱 …………………………………068
號對顧客的脈，滿足其精神需求 ……………………070
便宜沒好貨，抓住客戶的「價值」心理 ……………073

第三章
對症下藥，找到各類客戶心理突破口

對精明穩重型客戶要謹慎應對 ………………………078
讓墨守成規型客戶看到實用價值 ……………………081
對反覆無常型客戶要趁熱打鐵 ………………………085
幫猶豫不決型客戶做出決定 …………………………088
對外向開朗型客戶要乾脆俐落 ………………………091
對內向沉默型客戶要溫柔誠懇 ………………………095
讓態度隨和型客戶消除疑慮 …………………………098
對虛榮型客戶要讚美恭維 ……………………………101

對理性型客戶要積極肯定⋯⋯⋯⋯⋯⋯⋯⋯⋯⋯ 105
對挑剔分析型客戶要在細節取勝⋯⋯⋯⋯⋯⋯⋯ 108
對以自我為中心型客戶要迎合滿足⋯⋯⋯⋯⋯⋯ 112

第四章
業務人員必知的心理學效應，讓你「知其所以然」

初始效應：塑造打動人心的第一印象⋯⋯⋯⋯⋯ 116
登門檻效應：切勿直接提出銷售目的⋯⋯⋯⋯⋯ 120
關懷效應：真誠關心每一個客戶⋯⋯⋯⋯⋯⋯⋯ 123
羊群效應：客戶都喜歡隨波逐流⋯⋯⋯⋯⋯⋯⋯ 126
競爭效應：告訴他別人也買你的東西⋯⋯⋯⋯⋯ 131
互惠效應：先給客戶一些恩惠⋯⋯⋯⋯⋯⋯⋯⋯ 134
權威效應：運用精確數據說服客戶⋯⋯⋯⋯⋯⋯ 137
光環效應：讓客戶愛屋及烏⋯⋯⋯⋯⋯⋯⋯⋯⋯ 141
劇場效應：好的演示常常勝過雄辯⋯⋯⋯⋯⋯⋯ 146
存異效應：接納客戶的不同意見⋯⋯⋯⋯⋯⋯⋯ 149
曝光效應：增加與客戶的交流次數⋯⋯⋯⋯⋯⋯ 152

目錄

第五章
客戶不經意的小動作,出賣其內心大祕密

客戶的身體語言會「出賣」他們 …………… 156
暗中捕捉客戶舉止中隱藏的資訊 …………… 161
用「看、問、聽」來分辨客戶類型 …………… 163
「擒賊先擒王」,找出決策人 ………………… 167
牢記「250定律」,不得罪客戶身邊的任何人 …… 171
學會察覺客戶的消極暗示 ……………………… 175
敏銳地發現成交訊號 …………………………… 177
潛在客戶自己會說話 …………………………… 183
不是客戶少,而是你缺少一雙發現的眼睛 …… 186

第六章
靈活運用心理學技巧,讓客戶不好拒絕

將客戶的拒絕轉化為肯定 ……………………… 190
利用承諾一致心理防止客戶變卦 ……………… 194
故意賣關子,給客戶製造懸念 ………………… 198
讓客戶感覺占了便宜 …………………………… 200
利用關係行銷:先交朋友,再談生意 ………… 202

用「接近的技巧」，縮小與客戶的心理距離⋯⋯⋯⋯205
有智慧的人都是先聽後說⋯⋯⋯⋯⋯⋯⋯⋯⋯⋯207
一點點地使客戶立場站不住腳⋯⋯⋯⋯⋯⋯⋯⋯210
假設成交，引導客戶產生強烈的購買動機⋯⋯⋯213
亮出自己的底牌⋯⋯⋯⋯⋯⋯⋯⋯⋯⋯⋯⋯⋯⋯216

第七章
把話說到點子上，讓客戶思維跟你走

業務不可不知的攻心開場白⋯⋯⋯⋯⋯⋯⋯⋯⋯220
找準客戶興趣，投其所好⋯⋯⋯⋯⋯⋯⋯⋯⋯⋯223
懂得將長話變短說⋯⋯⋯⋯⋯⋯⋯⋯⋯⋯⋯⋯⋯226
不要對客戶說「天書」⋯⋯⋯⋯⋯⋯⋯⋯⋯⋯⋯230
學會和客戶閒話家常⋯⋯⋯⋯⋯⋯⋯⋯⋯⋯⋯⋯234
恰當重複客戶的話⋯⋯⋯⋯⋯⋯⋯⋯⋯⋯⋯⋯⋯237
有針對性地提問，引著客戶思路走⋯⋯⋯⋯⋯⋯240
「自曝家醜」反而能賣出東西⋯⋯⋯⋯⋯⋯⋯⋯245
靈活應對客戶的挑釁性追問⋯⋯⋯⋯⋯⋯⋯⋯⋯248
冷靜處理客戶的抱怨⋯⋯⋯⋯⋯⋯⋯⋯⋯⋯⋯⋯253
與客戶交談要避開他的「死穴」⋯⋯⋯⋯⋯⋯⋯257

目錄

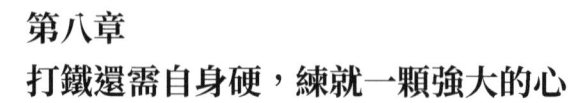

第八章
打鐵還需自身硬,練就一顆強大的心

戰勝自己的畏懼心理 …………………………262
客戶頻繁拒絕並不是針對個人 ………………266
謙虛反而是另一種聰明 ………………………273
做業務這行一定得勤奮 ………………………276
時間就是金錢,業務要有時間觀念 …………279
不斷更新你的知識儲備 ………………………283
你的熱忱會感染客戶 …………………………288
丟棄抱怨,在反省中成長 ……………………293
為你的工作而驕傲 ……………………………297

第一章
客戶不是購買商品，
而是購買推銷商品的人

 第一章 客戶不是購買商品，而是購買推銷商品的人

銷售產品前，先推銷你自己

業務人員時常面臨的困惑是：雖然產品品質一流，光芒四射，但是在接近準客戶時，還沒來得及介紹產品，就被拒之門外了。這就需要業務人員確定一個信念：在推銷商品前，首先推銷你自己，取得客戶信任後，訂單將不請自來。

業務代表 A：「您好，我是 xx 公司的業務代表周某某。在百忙中打擾您，想向您請教有關貴商店目前使用收銀機的事情。」

客戶：「你認為我店裡的收銀機有什麼毛病嗎？」

業務代表 A：「並不是有什麼毛病，我是想您店裡的機子是否已經到了需要更換的時候。」

客戶：「對不起，我們暫時不想考慮換新的。」

業務代表 A：「不會吧！對面李老闆已更換了新的收銀機。」

客戶：「我們目前沒有這方面的預算，以後再說吧。」

業務人員要擅於推銷自己。一位著名推銷員曾說：「接近準客戶時，不需要一味地向客戶低頭行禮，也不應該迫不及待地向客戶介紹商品……與其直接說明商品不如談些有關客

戶的太太、小孩的話題或談些社會新聞之類的事情，讓客戶喜歡你才真正關係著銷售的成敗，因此接近客戶的重點是讓客戶對一位以推銷為職業的業務員產生好感，從心理上先接受他。」

業務代表B：「劉老闆嗎？我是xx公司業務代表李某某，經常經過貴店。看到貴店一直生意都那麼好，實在不簡單。」

客戶：「你過獎了，生意並不是那麼好。」

業務代表B：「貴店對客戶非常親切，劉老闆對貴店員工的教育培訓一定非常用心，對街的張老闆，對你的經營管理也相當欽佩。」

客戶：「張老闆是這樣說的嗎？張老闆經營的店也是非常的好，事實上，他也是我一直作為目標的學習對象。」

業務代表B：「不瞞您說，張老闆昨天換了一臺新功能的收銀機，非常高興，才提及劉老闆的事情，因此，今天我才來打擾您！」

客戶：「喔？他換了一臺新的收銀機？」

業務代表B：「是的。劉老闆是否也考慮更換新的收銀機呢？目前您的收銀機雖也不錯，但是新的收銀機有更多的功能，速度也較快，讓您的客戶不用排隊等太久，因而會更喜歡光臨貴店。請劉老闆一定要考慮買這臺新的收銀機。」

 第一章　客戶不是購買商品，而是購買推銷商品的人

業務界有句流傳已久的名言：「客戶不是購買商品，而是購買推銷商品的人。」任何人與陌生人打交道時，內心深處總是會有一些警戒心，當準客戶第一次接觸業務員時，有「防備」心理也很正常。只有在推銷人員能迅速地開啟準客戶的「心防」後，客戶才可能用心聽你的談話。

客戶是否喜歡你關係著銷售的成敗。所以說，與其直接說明商品不如談些客戶關心的話題，讓客戶對你產生好感，從心理上先接受你。開啟客戶「心防」的基本途徑是：

- 讓客戶對你產生信任；
- 引起客戶的注意；
- 引起客戶的興趣。

我們對比兩個案例中業務代表 A 和 B，很容易發現，兩個人掌握相同的資訊，「張老闆已經更換了新的收銀機」，但是結果截然不同，玄機就在於接近客戶的方法。

業務代表 A 在初次接近客戶時，直接詢問對方收銀機的事情，讓人感覺突兀，遭到客戶反問：「店裡的收銀機有什麼毛病？」然後該業務代表又不知輕重地抬出對面的張老闆已購機這一事實來企圖說服劉老闆，就更激發了劉老闆的反向心理。

反觀業務代表 B，卻能把握這兩個原則，和客戶以共同對話的方式，在開啟客戶的「心防」後，才自然地進入推銷商

品的主題。業務代表 B 在接近客戶前能先做好準備工作,能立刻稱呼劉老闆,知道劉老闆店內的經營狀況、清楚對面張老闆以他為學習目標等這些細節,令劉老闆感覺很愉悅,業務代表和他的對話就能很輕鬆地繼續下去,這都是促使業務代表成功的要素。

 第一章　客戶不是購買商品，而是購買推銷商品的人

你的微笑價值百萬

有人說客戶的心是一扇虛掩的門，業務員將其開啟的金鑰匙就是真誠。而將心門開啟後，怎樣才能成功捕獲客戶的心，讓客戶心甘情願地接受你、喜歡你？繼而愉快地與你合作？

捕獲客戶心理的最好方式就是情感投資，滿足客戶內心的需求，透過語言、肢體語言及神態舉止讓客戶得到應有的尊重。用自己的行動捕獲客戶的信賴感，當客戶被你征服，他就會毫不猶豫地跟你走。

微笑是一種美好的表情，讓人覺得友善，覺得真誠，覺得親切，覺得美麗。

銷售其實就是業務員與客戶之間的一場交際，一個從陌生到相識，從抗拒到接受，從質疑到滿意的過程，這其中有著無數的情感變化。而銷售成功與否與業務員是否懂得並準確地把握客戶的內心有著很大的關係。

俗話說「不笑不開店」，在業務領域，同樣有這樣一句話「你的微笑價值百萬」，其實它們所說的道理都是相同的──用微笑換回巨大的利益。對於客戶來說，業務員的微笑令人

感到親切而又溫馨,一個真正投入感情並始終保持微笑的業務員一定會比一個總是板著臉的業務員贏得更多的客戶與訂單。真誠的、發自內心的微笑才能溫暖和打動別人的心,這就是微笑的魅力。

「不管我認不認識,當我的眼睛一接觸到人時,我就先對對方微笑。」 這是一位出色的人壽保險業務員在談到自己贏得客戶的經驗時說到的一句話。對於業務員來說,微笑有著獨特的魅力和神奇的力量,用微笑來征服客戶,比其他任何方式都更加有效和持久。

眼神是一道陽光,讓人溫暖,讓人信賴。

溫和的眼神是對人心靈的安撫,能給予對方心理上巨大的安慰。每一個人生活在這個世上,都會遇到各種不如意的事情,包括我們所面對的各種類型的客戶,他們都曾經遭受到煩惱和痛苦,都曾或多或少地受到過不被重視的待遇,而溫暖真誠的目光,可以使人得到安慰,獲得力量。一道溫和的目光如同一束溫暖的陽光,不僅能夠照亮陰暗的心靈,還能溫暖身邊人們潮溼的心靈。業務員不僅要學會對客戶微笑,同時要用溫和真誠的目光去關心客戶,贏得客戶的心。

值得注意的是,提供給客戶一視同仁、禮貌與尊重的對待,客戶會給你更多的回報。

任何一位客戶都討厭被輕視,當業務員對客戶視而不見

第一章　客戶不是購買商品,而是購買推銷商品的人

或者將客戶晾在一邊時,客戶自然會讓他的生意失敗。對每一位客戶一視同仁,溫和有禮,用每一個細節讓客戶感受到你對他的尊重和重視,客戶一定會接受你。

瑪麗是一家雪佛萊汽車銷售店的業務員,一天,有一位中年婦女走進瑪麗的展銷室,說她只想在這裡看看車,打發一會兒時間。其實客戶真正的目的是想買一輛福特轎車,可大街上那位業務員卻讓她一小時以後再去找他。瑪麗微笑著接待了客戶。在瑪麗溫和的目光中,客戶告訴瑪麗已經打定主意買一輛白色的雙門福特轎車,就像她表姐的那輛。她還說:「這是給我自己的生日禮物,今天是我55歲生日。」

「生日快樂!夫人。」瑪麗真誠地說。然後,瑪麗找了一個藉口說要出去一下。返回的時候,瑪麗對客戶說:「夫人,既然您有空,請允許我為您介紹一種我們店的雙門轎車——也是白色的。」

大約15分鐘後,一位女祕書走了進來,遞給瑪麗一束玫瑰花。「這不是給我的,」瑪麗說,「今天不是我生日。」瑪麗把花送給了那位女士。

「祝您生日快樂!尊敬的夫人。」瑪麗由衷地表示祝賀。

顯然,這位女士很受感動,眼眶都溼潤了。「已經很久沒有人送花給我了。」她告訴瑪麗。

閒談中,她對瑪麗講起她想買的福特轎車。「那個業務員真是差勁!我猜想他一定是因為看到我開著一輛舊車,就

以為我買不起新車。我正在看車的時候,那個業務員卻突然說他要出去收一筆欠款,叫我等他回來。所以,我就上妳這裡來了。」

最後,這位女士在瑪麗這裡買了一輛雪佛萊轎車。

世界上最偉大的業務員喬‧吉拉德曾經說過:「當你笑時,整個世界都在笑。一臉苦相,沒人理睬你。」銷售就好比照鏡子,你如何對待客戶,客戶就會如何對你。在銷售中保持微笑、溫和、禮貌與尊重,這樣做一次或許很容易,難的是要一直保持下去,對一個客戶這樣做或許很容易,難的是對每一個人都要如此。所以,優秀的業務員總是少數。

 第一章　客戶不是購買商品，而是購買推銷商品的人

真正的推銷對話，
應該是相互應答的過程

　　推銷過程中，與客戶交談是有語言藝術的，做好交談中的這些關鍵環節，輕鬆掌握推銷語言的魅力就不再遙遠。

　　在推銷過程中的談話，有些屬於較為正式的，其言語本身就是資訊；也有些屬於非正式的，言語本身未必有什麼真正的含義，這種交談只不過是一種禮節上或感情上的互酬互通而已。

　　例如我們日常生活見面時的問候以及在一些社交、聚會中相互引薦時的寒暄之類。當你與客戶相遇時，會很自然地問候道，「你好啊！」「近來工作忙嗎，身體怎樣？」「吃過飯了嗎？」此時對方也會相應地回答和應酬幾句。這些話常常沒有特定的意思，只是表明，我看見了你，我們是相識的，我們是有聯繫的，僅此而已。

　　寒暄，既然是非正式的交談，所以在理解客戶的話時，不必仔細地回味對方一句問候語的字面含義。現實生活中，常常由於對別人的一些一般的禮節性問候做出錯誤的歸因，而誤解對方的意思。不同文化背景的人，就更易發生這種誤

解。比如臺灣人見面喜歡問「吃過飯了嗎」，說這句話的人也許根本沒有想過請對方吃飯。但對——個不懂得這句話是一般問候語的外國人而言，就可能誤以為你想請他共餐，結果會使你很尷尬。兩個人見面，一方稱讚另一方，「你氣色不錯」、「你這件衣服真漂亮」，這是在表示一種友好的態度，期望產生相悅之感。在亞洲人之間，彼此謙讓一番，表示不敢接受對方的恭維，這也是相互能理解的。但是對一個西方人來說，可能會因你的過分推讓而感到不快，因為這意味著你在拒絕他的友好表示。

寒暄本身不正面表達特定的意思，但它卻是在任何推銷場合和人際交往中不可缺少的。在推銷活動中，寒暄能使不相識的人相互認識，使不熟悉的人相互熟悉，使單調的氣氛活躍起來。你與客戶初次會見，開始會感到不自然，無話可說，這時彼此都會找到一些似乎無關緊要的「閒話」聊起來。閒話不閒，透過幾句寒暄，交往氣氛一經形成，彼此就可以正式敞開交談了。所以寒暄既是希望交往的表示，也是推銷的開場白。

寒暄的內容似乎沒有特定限制，別人也不會當真對待，但不能不與推銷的環境和對象的特點互相協調，真所謂「到什麼山上唱什麼歌」。古人相見時，常說「久聞大名，如雷貫耳」，今天誰再如此問候，就會令人感到滑稽。外國人常說的

 第一章　客戶不是購買商品，而是購買推銷商品的人

「見到你十分榮幸」之類的客套話，臺灣人也不常說。我們在推銷開始時的寒暄與問候，自然也應適合不同的情況，使人聽來不覺突兀和難以接受，更不能使人覺得你言不由衷，虛情假意。

除了問候和寒暄之外，還要注重推銷中的對話。

作為推銷場合的談話，既不同於一個人單獨時的自說自話，也不同於當眾演講，而是推銷雙方構成的聽與講相配合的對話。對話的本質並非在於你一句我一句的輪流說話，而在於相互之間的呼應。

瑞士著名心理學家皮亞傑把兒童的交談方式分為兩種，當一個兒童進行社交性交談時，這個孩子是在對聽者講話，他很注意自己所說的觀點，試圖影響對方或者說實際上是同對方交換看法，這就是一種對話的方式。但作為兒童的自我中心式的談話時，孩子並不想知道是對誰講話，也不想知道是不是有人在聽他講。他或是對他自己講話，或者是為了和剛好在那裡的任何人產生連繫而感到高興。七歲以下的兒童就常沉溺於這種自說自話，且看兩位四歲的兒童是怎樣交談的：

湯姆：今晚我們吃什麼？

約翰：聖誕節快到了。

湯姆：吃烤餅和咖啡就不錯了。

約翰：我得馬上到商店買電子玩具。

湯姆：我真喜歡吃巧克力。

約翰：我要買些糖果和一雙皮鞋。

這與其說是兩人在對話，倒不如說是被打斷了的雙人獨白。在推銷雙方的交談中，有時也會出現這種現象。有的人習慣於喋喋不休急於要把自己心中所想的事情傾吐出來，而不大顧及對方在想什麼和說什麼，以至於對方只能等他停下來喘口氣時才有機會插進幾句話。如果推銷雙方都是各顧各地搶著說話，那麼真正聽進對方的話就很少，白白地做無用功。

真正的推銷對話，應該是相互應答的過程，自己的每一句話應當是對方上一句話的繼續。對客戶的每句話做出反應，並能在自己的說話中適當引用和重複。這樣，彼此間就會取得真正的溝通。

在推銷過程中，要挑選客戶最感興趣的主題，假如你要說有關改進推銷效率的問題或要把某項計畫介紹給某公司董事會，那你就要強調它所帶來的實際利益；你要對某項任務的執行者進行勸說，就要著重講怎樣才能使他們的工作更為便利。必須懂得，每個客戶的想法都一樣，他們總希望從談判桌上能得到什麼好處。

 第一章　客戶不是購買商品，而是購買推銷商品的人

善於傾聽客戶的心聲

聆聽是了解客戶需求的第一步。聽客戶說出他的意願是決定採取何種推銷手段的先決條件，聽客戶的抱怨更是解決問題、令客戶重拾對商品信心的關鍵。

客戶不喜歡聒噪的業務員，因為那樣會讓自己看起來很蠢。但是他們會對那些肯聽取自己意見並及時做出反應的業務員心存好感。

對於業務員來說，聆聽除了能表示對客戶的尊重外，還有以下兩個優點。

◆ 第一，聽客戶說的時候業務員才有空思考

如果推銷的說辭只是單方面由業務員來「推」，客戶就會不斷地退，業務員越是不斷地說很好，客戶越覺得煩惱，業績自然不佳。業務員強力推薦商品時不斷重複的話語，充其量只是在演練先前所學習的說辭而已，而且業務員還沒有時間思考另外的說法，更無法針對客戶的問題給予解答。於是如果善於聆聽，引導客戶說出心中的想法，業務員就可以利用在一旁傾聽的時間想其他對策，使成交率提高。

善於傾聽客戶的心聲

◆ 第二，聆聽客戶還可以找出客戶拒絕的癥結所在

　　面對面推銷時最令人洩氣的，莫過於客戶冷淡的反應與不屑的眼光，這對業務員的信心是一種嚴重的打擊，許多客戶在問答之中會應付式地說幾句客套話，這是因為擔心說出需求後，會被業務員逮住機會而無法逃脫，所以客戶會盡可能地採用能拖就拖、能敷衍就敷衍的策略來拖延。要去除這困擾只有想辦法讓客戶說，並且在詢問的過程中，令他務必說出心中的想法及核心的問題，這樣才能找到銷售的切入點。同時聽得多，對客戶的各種情況、疑惑、內心想法自然了解得多，再採取相應措施解決問題時，成功率一定會提高。

　　成功的推銷是一種學會傾聽世界上最偉大聲音的藝術。每個人都有聽的權利，但必須掌握聆聽的技巧。

　　通常業務員傾聽客戶談話時容易犯的毛病是只擺出傾聽客戶談話的樣子，而內心卻等待機會將自己想說的話說完。這種溝通方式效果是相當差的，因為業務員聽不出客戶的意圖和期望，其推銷自然也就沒有目標。培養傾聽的技巧有以下幾種方法：

　　一是培養積極的傾聽態度，站在客戶的立場考慮問題，了解客戶的需求和目標。業務員有時候應該反問自己：「既然客戶都有耐心傾聽我對產品的介紹，我又為什麼沒有耐心傾

 第一章　客戶不是購買商品，而是購買推銷商品的人

聽客戶對需求的陳述呢？」其實將客戶的陳述當作是一次市場調查也是相當不錯的主意。

　　二是保持寬廣的胸懷。不要按照自己想要聽到的內容做出判斷，對客戶的陳述不要極力反駁，以免影響彼此的溝通。

　　三是讓客戶把話說完。不要打斷客戶的談話，客戶的傾訴是有限度的，業務員應該讓客戶把話說完，讓他把自己的需求說清楚，這樣業務員才能依照客戶的表述決定自己該說什麼和怎麼說、該做什麼和怎麼做。

　　四是不要抵制客戶的話。即使客戶對業務員持批評的態度，也應該請客戶把話說完，以便找到可以解釋的地方。抵制客戶的話往往會導致客戶採取抗拒態度。

　　五是站在客戶的立場上想問題。客戶的訴說是有理由的，他不會平白無故，也不會不著邊際，所以業務員要理解客戶的訴說。業務員應該從客戶的訴說中找出隱情，以便採取有針對性的推銷。

　　此外，聆聽客戶講話，必須做到耳到、眼到、心到，同時還要輔之以一定的行為和態度。現將傾聽技巧歸納如下：

- 一是身子稍稍前傾，單獨聽客戶說話，這樣是對客戶的尊重。

- 二是不要中途打斷客戶,讓他把話說完。打斷客戶的談話是最不禮貌的行為。
- 三是注視客戶,不要東張西望。
- 四是面部要保持很自然的微笑,適時地點頭,表示對客戶言語的認可。
- 五是適時而又恰當地提出問題,配合對方的語氣表達自己的意見。
- 六是可以透過巧妙的應答,引出所需要的話題。

請時刻記住,傾聽也是一門藝術,並不是人人都能做到、做好的。從心態上放低自己,從現在開始,對別人多聽多看,把他們當作世上獨一無二的人對待,就發現自己比以往任何時候都善於與人溝通。

 第一章　客戶不是購買商品，而是購買推銷商品的人

用幽默化解銷售中的尷尬

　　日本推銷大師齊藤竹之助說：「什麼都可以少，唯獨幽默不能少。」這是齊藤竹之助對業務員的特別要求。許多人覺得幽默好像沒有什麼大的作用，其實是他們不知道怎麼才能夠學會幽默。

　　成功的業務員大多都是幽默的高手，那種不失時機、意味深長的幽默更是一種使人們身心放鬆的好方法，因為它能讓人感覺舒服，有時候還能緩和緊張氣氛、打破沉默和僵局。如果你在推銷的時候表現出色，那麼客戶也是很願意從你那裡購物的。喬·吉拉德說：「我聽到過很多人說他們對外出購車常常感到畏縮，但是我的客戶不會這樣說。當我說與吉拉德做生意是一件很愉快的事情時，我相信這句話並不是毫無意義的」。

　　幽默還是消除矛盾的強而有力手段。在尷尬的時候幽上一默，不僅緩解氣氛，還能讓人感到你智慧的魅力，起潤滑作用的幽默是有助於你在各部門中感到舒適自在的一種極佳手段。

　　一個缺乏幽默感的人是比較乏味的。在你的推銷中融進

一些輕鬆幽默不失為一種恰當的策略，同時它也能使你的生意變得十分有趣。否則，你的客戶就會保持警惕，不肯放鬆。

一個業務員當著一大群客戶推銷一種鋼化玻璃酒杯，在他進行完商品說明之後，他就向客戶作商品示範，就是把一個鋼化玻璃杯扔在地上而證明它不會破碎。可是他碰巧拿了一個品質不過關的杯子，猛地一扔，酒杯碎了。

這樣的事情以前從未發生過，他感到很吃驚。而客戶們也很吃驚，因為他們原本已相信業務員的話，沒想到事實卻讓他們失望了。結果場面變得非常尷尬。

但是，在這緊要關頭，業務員並沒有流露出驚慌的情緒，反而對客戶們笑了笑，然後幽默地說：「你們看，像這樣的杯子，我就不會賣給你們。」大家禁不住笑起來，氣氛一下子變得輕鬆了。緊接著，這個業務員又接連扔了5個杯子都成功了，博得了客戶們的信任，很快推銷出了好多杯子。

在那個尷尬的時刻，如果業務員也不知所措，沒了主意，讓這種沉默繼續下去，不到3秒鐘，就會有客戶拂袖而去，交易會失敗。但是這位業務員卻靈機一動，用一句話化解了尷尬的局面，從而使推銷順利進行，並取得了成功。

當你向一位上了年紀的客戶做推銷的時候，千萬別開關節炎之類的玩笑，一旦你冒犯了他，你就永遠失去了他的信

 第一章　客戶不是購買商品，而是購買推銷商品的人

任。當你推銷矯正或修復儀器時，不要觸及客戶的痛處。當你推銷人壽保險的時候，也要注意別開那種病態的玩笑。在你打算輕鬆幽默一番之前，最好先敏感一點，分析分析你的產品和你的客戶，一定要確信不會激怒對方，因為這種幽默對有些人來說根本不發揮作用，譬如，當你和一個嚴肅的人打交道的時候，你明知道他一本正經，喜歡直截了當，你卻偏要去故作幽默，類似這種情況，往往會適得其反。所以，幽默要運用得巧妙，有分寸，有品味。

讓每一次推銷都充滿人情味

　　優秀的業務員不認為自己是在推銷產品,而是在推銷服務。產品是很生硬、客觀的,但服務則可以充滿人情味。人性化的服務也正是許多客戶所需要的。

　　人性化服務要求業務員有服務意識。例如:業務員不僅要為客戶提供與產品相關的知識上的服務,更要提供文化方面的服務。

　　以買車為例,業務員除了向客戶介紹商品外,還要提供建設性意見。例如:隨著國民生活水準的提高,越來越多的人外出旅行,推銷人員若能為購車的客戶提供旅遊資料或詳細的索引表,安排適當行程等,讓客戶在駕車出遊時既無須考慮加油、修護、食宿等問題,又可了解沿途狀況或旅遊點的情況,這便是對客戶提供的優質服務專案之一。

　　另外,業務員還應為客戶提供生活方面的服務。推銷人員應視自己如同客戶家族中的一分子,在日常生活中經常予以協助、照顧。具體來說,比如在碰到客戶家中有婚喪喜慶時,在力所能及的範圍內盡力地給予幫助。但是我們必須牢記一件事,我們本身仍是一位推銷人員,欲做客戶家族中的

 第一章　客戶不是購買商品，而是購買推銷商品的人

一員時，其立意雖好，但是，若過多超過服務範圍的話，也沒有必要。例如：對客戶的個人生活、服務太過熱忱，反而有時會給對方留下不好的印象，這一點應特別注意。

人性化服務需要業務員最好能為客戶解燃眉之急。IBM公司在長期的經營中，形成並保持為客戶提供良好服務的傳統。IBM的領導者認為：良好的服務是開啟電腦市場的關鍵，IBM就是要為客戶提供全世界最佳的銷售服務。老沃森本身就是一個成功的推銷人員，所以從一開始就十分重視業務部門服務工作的品質，他要求對任何一個使用者提出的問題都必須在24小時內給予解決，至少要作出答覆。所以IBM的服務效率很高。老沃森不但提出這樣的要求，也身體力行，做出表率。

1942年，戰時生產局的一名官員在復活節前的星期五下午找到老沃森，要求訂購150臺機器，並要求公司在下星期一把這些機器運到華盛頓。這是一項非常緊迫的任務，老沃森毫不猶豫地答應下來，並親自負責這一運送工作。他在週末早上便吩咐員工打通了全國的IBM辦事處電話，命令將150臺機器在週末發往華盛頓，並要求他們在每輛運貨車開赴華盛頓時打電話給那位官員，把貨車的啟程和到達時間告訴他，同時還安排警察護送這些晝夜行駛的貨車。公司的客戶工程師也奉命前往，在喬治鎮建立一個小型工廠來負責接受和安裝這些設備。這種周到的服務、周密的安排，保證了

這批機器完好地運送到目的地,為 IBM 公司贏得了良好的信譽,樹立起 IBM 公司良好的企業形象。

連 IBM 這樣的大公司都如此重視人性化服務,重視為客戶著想,這或許正是它成功的原因所在。業務員是一個公司與客戶的連線紐帶,更應該打好「情感牌」,讓每一次銷售都充滿人情味。

 第一章 客戶不是購買商品，而是購買推銷商品的人

百問不倒的專業能力

一家車行的業務經理正在打電話銷售一種用渦輪引擎發動的新型汽車。在交談過程中，他熱情激昂地向他的客戶介紹這種渦輪引擎發動機的優越性。

他說：「在市場上還沒有可以與我們這種發動機相媲美的，它一上市就受到了人們的歡迎。先生，您為什麼不試一試呢？」

對方提出了一個問題：「請問汽車的加速效能如何？」

他一下子就愣住了，因為他對這一點非常不了解。理所當然，他的銷售也失敗了。

試想，比如一個銷售化妝品的人對護膚的知識一點都不了解，他只是想一心賣出他的產品，那結果注定是失敗。房地產經紀人不必去炫耀自己比別的任何經紀人都更熟悉市區地形。事實上，當他帶著客戶從一個地段到另一個地段到處看房的時候，他的行動已經表明了他對地形的熟悉。當他對一處住宅做詳細介紹時，客戶就能意識到業務經理本人絕不是第一次光臨那處房屋。同時，當討論到抵押問題時，他所具備的財會專業知識也會使客戶相信自己能夠獲得優質的服務。案例中的那位業務經理就是因為沒有豐富的專業知識使

自己表現得沒有可信度，才使他的推銷失敗，而想要得到回報，你必須努力使自己成為本行業各個業務方面的行家。

那些定期登門拜訪客戶的業務經理一旦被認為是該領域的專家，那他們的銷售額就會大幅度增加。比如：醫生依賴於經驗豐富的醫療設備推銷代表，而這些能夠贏得他們信任的代表正是在本行業中成功的人士。

不管你推銷什麼，人們都尊重專家型的業務經理。在當今的市場上，每個人都願意和專業人士打交道。一旦你做到了，客戶會耐心地坐下來聽你說那些想說的話。這也許就是創造銷售條件、掌握銷售控制權最好的方法。

除了對自己的產品有專業知識的把握，有時我們甚至要對客戶的行業也有大致了解。

業務經理在拜訪客戶以前，對客戶的行業要先有所了解，這樣，才能以客戶的語言和客戶交談，拉近與客戶的距離，使客戶的困難或需要立刻被覺察並有所解決，這是一種幫助客戶解決問題的推銷方式。例如：IBM的業務代表在準備出發拜訪某一客戶前，一定先閱讀有關這個客戶的數據，以便了解客戶的營運狀況，增加拜訪成功的機會。

莫妮卡是倫敦的房地產經紀人，由於任何一處待售的房地產可以有好幾個經紀人，所以，莫妮卡如果想要出人頭地，只有憑著豐富的房地產知識和服務客戶的熱誠。莫妮卡

 第一章　客戶不是購買商品，而是購買推銷商品的人

認為：「我始終掌握著市場的趨勢，市場上有哪些待售的房地產，我瞭如指掌。在領客戶看房子以前，我一定會把房子的有關數據準備齊全並研究清楚。」

莫妮卡認為，今天的房地產經紀人還必須對「貸款」有所了解。「知道什麼樣的房地產可以獲得什麼樣的貸款是一件很重要的事，所以，房地產經紀人要隨時注意金融市場的變化，才能為客戶提供適當的融資建議。」一個業務員對自己產品的相關知識都不了解的話，一定沒有哪個客戶願意信任他。當我們能夠充滿自信地站在客戶面前，無論是他有不懂的專業知識要諮詢，還是想知道市場上同類產品的效能，我們都能圓滿解答時，我們才算具備了扎實的專業知識。你的形象就是你的名片

優秀的業務員在與他人分享自己的經驗時，總會說到一句話：「銷售產品前，首先是銷售你自己」或者「銷售就是銷售自己」。難道產品＝業務員？

有這樣一句話「形象就是自己的名片」。給客戶留下的第一印象，決定了一個業務員是否能夠讓客戶接受並購買產品。對於業務員來說，個人的形象十分重要，要想銷售產品，首先要將自己推銷給客戶，只有客戶接受了你，他才會考慮你的產品。

業務員的外表和修飾在客戶心目中會直接影響到所銷售的產品本身的品質。業務員作為產品與客戶之間的紐帶，其

外形和舉止是決定客戶是否購買的關鍵因素。因為讓客戶滿意就等同於客戶的「安心」需求得到滿足。

在留給客戶的第一印象中,著裝的決定作用高達95%。當業務人員穿著得體,修飾恰當,皮鞋鋥亮,所呈現出的是一個專業的職業形象時,客戶會第一時間下意識地判斷這個業務員的背後是一家優秀的公司,且其具備優質的產品或服務。而守時、禮貌、準備充分的行為同樣會給客戶留下積極的印象。這些好的印象會像光圈一樣擴展到業務員所銷售的產品或服務上。

相反,如果一個業務人員衣著邋遢,不修邊幅,或者有遲到、舉止輕率、零亂等行為,「所看即所得」的印象會讓客戶對其充滿質疑。客戶會想當然地認為業務員所在的公司是一家二流甚至三流的公司,提供的產品或服務也不會好到哪裡去。

吳坤剛來公司時和一般人一樣,都是從普通的業務員做起。為了工作需要,公司統一發了一套西裝,但需交服裝押金1,500元。由於他剛畢業,這又是第一份工作,手頭比較緊張,而且他嫌西裝過於正式,乾脆就不穿西裝了。吳坤平時喜歡穿休閒裝,他覺得,一個男人穿著西裝,卻騎著一輛腳踏車,簡直不倫不類。所以,上門談業務時,他沒有按公司的要求穿西裝,而是一如既往地穿著一身休閒裝;同時,他也不太在乎客戶的感受,說話大大咧咧,行為舉止顯得十

第一章　客戶不是購買商品，而是購買推銷商品的人

分不雅。因此，雖然他每天出入於辦公室和星級飯店做業務，但幾個月下來一件業務也沒有做成。

一天，當吳坤敲開一家客戶的門時，女主人在門縫裡對他說：「你來晚了，他帶著孩子到河邊去了，你到那裡去找他吧。」吳坤一聽，就顯得特別不高興，這種情緒馬上反映在臉上，他剛想發揮口才，但門已關上了。

當吳坤掃興地走下臺階時，一個女孩朝他打招呼：「嗨，能陪我打一會兒網球嗎？」

反正業務也吹了，有漂亮女孩相陪也能解悶。吳坤與女孩打了三局，女孩對他的球技非常欣賞。談話中，吳坤告訴她自己是某公司的業務員，運氣不好，一直未能說服客戶。

女孩問吳坤：「你平時也穿休閒裝與客戶談業務嗎？」他點點頭。女孩背起球拍對吳坤說：「只有在網球場上我才理你，如果你是這樣的臉色和行為舉止，這身打扮到我家談業務，我也不會理你！」

真是這樣的嗎？於是，第二天，吳坤改變了習慣，換上了一套西裝，禮貌地再次敲響客戶的門。這次還真的成功了，簡直不可思議！從此他開始注重自己的儀表裝束，業務進展很快，一年後便當上了部門經理。

當然，印象的形成不單單只以外表為參照標準，表情、動作、態度等也非常重要，即使你長得不是很漂亮，只要充滿自信，態度積極誠懇，同樣會感染、感動客戶。

日本著名的業務大師原一平先生根據自己 50 年的推銷經驗，總結出了「整理服裝的八個要領」和「整理外表的九個原則」。

整理服裝的八個要領：

(1) 與你年齡相近的穩健型人物的服裝可作為你學習的標準。
(2) 你的服裝必須與時間、地點等因素符合，自然而大方，還得與你的身材、膚色相搭配。
(3) 衣服穿得太年輕的話，容易招致對方的懷疑與輕視。
(4) 流行的服裝最好不要穿。
(5) 如果一定要趕流行，也只能選擇較樸實無華的。
(6) 要使你的身材與服裝的質料、色澤保持均衡狀態。
(7) 太寬或太緊的服裝均不宜，大小應合身。
(8) 不要讓服裝遮掩了你的優秀素養。

整理外表的九個原則：

(1) 外表決定了別人對你的第一印象。
(2) 外表會顯現出你的個性。
(3) 整理外表的目的就是讓對方看出你是哪一類型的人。
(4) 對方常依據你的外表決定是否與你交流。
(5) 外表就是你的魅力表徵。
(6) 站姿、走姿、坐姿是否正確，決定你讓人看來順不順眼。不論何種姿勢，基本要領是脊椎挺直。

第一章　客戶不是購買商品,而是購買推銷商品的人

(7) 走路時,腳尖要伸直,不可往上翹。
(8) 小腹往後收,看來有精神。
(9) 好好整理你的外表,會使你的優點更突出。

營造融洽的購買氣氛

劉暢是一名家電業務員，她把自己的推銷對象定為女性上班族，而且她每次拜訪客戶時總是將產品目錄分給大家，並約定下次拜訪的時間。

第二次拜訪時，劉暢通常選擇 12 點半左右。拜訪之前，她會準備好音響以及一些糖果、點心。到了公司，她把東西取出，然後以風趣的語氣邀請大家吃點心聊天。接著，她開啟音響，播放一些流行歌曲，並主動提出疑問，吸引大家聊天的興趣：「您喜歡這位歌星嗎？太好了，那麼 xxx 小姐呢？（她注視著另一位小姐）哦！原來您也喜歡他的歌，請稍等，我還有他的 CD，馬上拿來給您聽！」

當劉暢做出尋找動作時，幾乎所有的女性員工都會湊過來看，氣氛頓時變得非常熱鬧，每個人都熱烈地議論著明星話題。此時，劉暢開始切入推銷主題，她問大家：「你們知道嗎？這臺音響是我們公司推出來的新產品，目前十分風行。A 雜誌還曾經向消費者推薦過呢！」

接著她又簡單介紹了產品的效能和優勢，然後強調：「只要妳從一個月的薪水中扣出四百元，就可以買下它了。四百元不過是一件上衣的價格，卻能讓妳享受到喜愛的歌星的歌曲，不是很棒嗎？xxx 小姐，您就登記一臺吧！」

第一章　客戶不是購買商品，而是購買推銷商品的人

劉暢邊說邊取協議書。此時，有人說：「我雖然想買，卻沒有 CD……」

其他人多半也會附和。

此時，劉暢會告訴大家：「只要訂購本產品，我就把 CD 借給各位聽。我本人蒐集了許多 CD，各位想聽的歌曲，我多半都有。當各位填上協議書時，就可以把想借的 CD 寫在上面，我會連同產品把 CD 拿來。」

劉暢就是這樣，一步步地，在熱鬧的氣氛中，讓客戶毫無異議地買下她的產品。

在推銷產品的時候，氣氛是相當重要的，它關係到最終能否成交。只有當業務員與客戶之間感情融洽時，只有在和諧的洽談氣氛中才容易推銷商品。案例中的業務員就是透過營造和諧的氣氛才順利簽單的。

在案例中，從事家電推銷的劉暢把推銷對象鎖定在女性上班族，我們知道，女性通常是比較感性的，因此女性客戶比男性客戶更會在美好的氣氛中增大購物欲，劉暢正是利用了她們的這一心理特徵。

我們看到，劉暢拜訪客戶是分兩次去的：

第一次先將產品目錄分給潛在客戶，並約定下次訪問的時間，其目的在於先讓客戶感知她的產品，並給客戶留下思考的時間。

營造融洽的購買氣氛

第二次拜訪潛在客戶,首先在時間上是經過思考的,選在中午休息時,而且潛在客戶也已經吃過午飯了,這樣潛在客戶才會有充足的時間和精力去考慮產品。其次,她還會準備一些錄音帶、糖果、點心等,用來創造銷售氣氛,輔助推銷。

在接下來的推銷過程中,劉暢並未直接介紹產品,而是透過播放一些流行歌曲,創造了一個輕鬆活躍的氣氛,然後逐漸切入正題,目的在於把客戶的思維控制在感性上。當客戶提出沒有CD的顧慮後,劉暢又表示買她的產品就可以把自己收集的CD借給客戶,最後成功地推銷了自己的產品。由此可見,和諧的氣氛會大大刺激客戶的購買欲望。成功的業務員就要善於在推銷過程中創造和諧的氣氛,激發潛在客戶的購買欲。

第一章 客戶不是購買商品，而是購買推銷商品的人

學會恰當地收場與道別

在推銷活動中，雙方交易結束後，業務員是馬上離開還是聊些無關緊要的話題？這是一個很重要的問題，需要業務人員認真對待。業務人員要適時恰當地收場，向客戶友好道別。本次交易的收場是否適當，也許決定著是否有會下一次成交的機會。

夏寧是一家房產公司的優秀業務員，由於其工作經驗豐富，經理總是讓他對公司新人進行培訓指導。而他每一次在給新員工培訓時，都會講起自己初入行的經歷：

「那是我剛進公司不久，由於工作主動熱情，所以很快就有了自己的客戶，但業績並不理想。眼看著月底就到了，自己還沒做成一筆交易，我很著急。也就在這個時候，我平常一直在聯絡的一個客戶決定轉換房產，我耐心地帶他看了幾處後，他終於確定了自己認為合適的房子。

接下來就順利地簽訂了買賣協議，可是當雙方放下筆後，我卻不知道此時應該怎麼辦？呆呆地坐著，不敢先離開，也不知道該說點什麼，就這樣，過了一會兒，還是那位客戶對我說：『年輕人，你現在可以離開了。』我才站起身與客戶握手道別。」

業務員可能都會遇到夏寧這種情況，尷尬局面的形成是因為他當初不懂如何與客戶道別，也不知道怎樣做才是合適而友好的方式，再加上當時完成了那麼大一筆交易後激動的心情，可能就不知如何是好了。每個業務員都應該明白，收場後要如何和客戶友好道別，這也是很重要的一個環節。

業務員還應了解到，完美的道別能為下一次接近客戶奠定基礎，創造條件。買賣雙方的分手，只是做好善後工作的開始。銷售結束時，業務人員要有恰當的收場。既不能感激涕零令客戶倒盡胃口，讓客戶生厭；也不能讓客戶覺得你太冷淡。在與客戶道別時，要求推銷人員面對客戶，在態度上有誠懇的表示，在言辭上有得體的話語，在行為上有禮貌的舉止。

因此，成交以後推銷人員匆忙離開現場或表露出得意的神情，甚至一反常態，變得冷漠、高傲，都是不可取的。達成交易後，推銷人員應用恰當的方式對客戶表示感謝，祝賀客戶做了一筆好生意，讓客戶產生一種滿足感，對此點到即可。隨即就應把話題轉向其他，如具體地指導客戶如何正確地維護、保養和使用所購的商品，重複交貨條件的細節等。

成交確認後，業務員說話技巧不僅要表現出友好的一面，而且還應當特別注意離開現場的時機。推銷人員是否應立刻離開現場需酌情而定，關鍵在於客戶想不想讓你留下。

第一章　客戶不是購買商品,而是購買推銷商品的人

有人說,成交後迅速離開,可以避免客戶變卦,其實不然,如果推銷工作做得扎實,客戶確信購買的商品對自己有價值,不想失去這個利益,一般是不會在最後一分鐘改變主意的。但若未讓客戶信服,即使推銷人員離開現場,他也會取消訂單。

因此,匆忙離開現場往往使客戶產生懷疑,尤其是那些猶豫不決,勉強做出購買決定的客戶,甚至會懊悔已做出的購買決定,或者變卦,或者履行合約時設定障礙,使交易變得困難重重。但是簽約後,不宜長久逗留,只要雙方皆大歡喜,心滿意足,這種熱情、完滿、融洽的氣氛是離開現場的最好時機。為了不至於讓過去的努力前功盡棄,應注意下面這些細節:

(1) 不要過分緊張。
(2) 不要說多餘的事。
(3) 不要講太多的話。
(4) 要適時保持沉默。
(5) 不要採取悲觀的態度。
(6) 千萬不要在結束商談之前與客戶發生爭執。
(7) 不要使用否定性的語句。
(8) 不要被客戶掌握主動權。
(9) 關於各項條件,態度需堅定。

(10) 不要變成向對方請求的模樣。
(11) 盡快簽署收款單或合約。
(12) 不要以暫時性的戰術作為賭注。
(13) 堅持到最後,不要放棄。
(14) 不要做不必要的久留。

第一章　客戶不是購買商品,而是購買推銷商品的人

第二章
看穿客戶的消費心理,開啟客戶的心門

第二章　看穿客戶的消費心理，開啟客戶的心門

物美價廉的商品，誰不想要呢

每到節假日或特殊的日子，商場、超市等各大賣場都會不約而同地打出打折促銷的旗號，以吸引更多的客戶前來消費，而往往折扣越低的店面前面，人也就越多。很多人明明知道這是商家的一種促銷手段，但大家依然爭先恐後雀躍前往，以求買到比平時便宜的商品，這是為什麼？

愛占便宜！愛占便宜是人們比較常見的一種心理傾向，在日常生活中，物美價廉永遠是大多數客戶追求的目標，很少能聽到有人說「我就是喜歡花更多的錢買同樣多的東西」，用少量的錢買更多更好的商品才是大多數人的消費態度。

愛占便宜追求的是一種心理滿足，無可厚非，而每個人都或多或少地都具有這種傾向，唯一的區別就是占便宜心理的程度深淺。我們所說的愛占便宜的人，通常是指占便宜心理比較嚴重的那部分人。

銷售過程中，這類客戶不在少數，他們最大的購買動機就是是否占到了便宜。所以，面對這類客戶，業務員就是利用這種占便宜的心理，透過一些方式讓客戶感覺自己占到了很大的便宜，從而心甘情願地掏錢購買。

物美價廉的商品，誰不想要呢

在英國有一家服裝店，店主是兩兄弟。在店裡，一件珍貴的貂皮大衣已經掛了很久，因為高昂的價格，顧客在看到價格後往往都會望而卻步，所以，這件衣服一直賣不出去。兩兄弟非常苦惱。後來，他們想到了一個辦法，兩人配合，一問一答確認大衣的價格，但弟弟假裝耳朵不好使將價格聽錯，用低於賣價很多的價格出售給顧客，遇到愛占便宜的人，大衣一定能賣出去。兩人商量好以後，第二天清早就開始張羅生意了。

弟弟在前面店鋪打點，哥哥在後面的操作間整理帳務。一個上午進來了2個人，方法並沒有奏效。到下午的時候，店裡來了一個婦人，在店裡轉了一圈後，她看到了那件賣不出去的貂皮大衣，於是問道：「這件衣服多少錢？」作為夥計的弟弟再次假裝沒有聽見，依然忙自己的。於是婦人加大嗓門又問了一遍，他才反應過來。

他抱歉地說：「對不起，我是新來的，耳朵不太好使，這件衣服的價格我也不太清楚，您稍等，我問一下老闆。」

說完他衝著後面大聲問道：「老闆，那件大衣多少錢？」

老闆回答：「5,000英鎊！」

「多少錢？」夥計又問了一遍。

「5,000英鎊！」

聲音如此大，婦人聽得很真切，她心裡覺得價格太貴，不準備買了。而這時，店員憨厚地對婦人說：「老闆說3,000英鎊。」

第二章　看穿客戶的消費心理，開啟客戶的心門

　　婦人一聽頓時非常欣喜，肯定是店員聽錯了，想到自己可以省下足足2,000英鎊，還能買到這麼好的貂皮大衣，於是心花怒放，害怕老闆出來就不賣給她了，於是匆匆付錢買下就離開了。

　　就這樣，一件很久都賣不出去的大衣，按照原價賣了出去。

　　以上的案例中，兩兄弟就是利用了婦人愛占便宜的心理特點成功將大衣以原價銷售了出去。對於愛占便宜型的顧客，只有善加利用其占便宜心理，使用價格的懸殊對比或者數量對比進行銷售。占便宜型的客戶心理其實非常簡單，只要他認為自己占到了便宜，他就會選擇成交。

　　利用價格的懸殊差距雖然能對銷售結果產生很好的效果，但多少有一些欺騙客戶的嫌疑，所以，在使用的過程中一定要牢記一點：銷售的原則一定是能夠幫助到客戶，滿足客戶對產品的需求。做到既要滿足客戶的心理，又要確保客戶得到**實實在在的實惠**。這樣才能避免客戶在知道真相後的氣憤和受傷，保持與客戶長久的合作關係，實現雙贏的結果。

名人也買過的東西，肯定錯不了

公共權威在如今的市場經濟中被成功地運用於各個領域，比如說廣告。推銷同樣也可以利用有影響力的人增加推銷本身的吸引力和可信度。這是成功實現推銷的一條捷徑。

史蒂爾是一位經驗豐富的業務員，每次成交後，他都讓顧客簽上自己的名字，特別是一些比較有身分、地位的顧客，當他去拜訪下一位顧客時，總是隨身帶著這些顧客名單，那些名字都是顧客的親筆簽名。見到下一個顧客後，他先把名單放在桌上。

「我們很為我們的顧客驕傲，您是知道的。」他說，「您知道高級法院的理查法官嗎？」

「哦，知道！」

「這上面有他的名字，您更應該知道我們布萊恩市長吧！」

史蒂爾興致勃勃地談論著這些名字，然後說：「這是那些受益於我們產品的人。他們喜歡……」他又讀了更多有威望的人名：「您知道這些人的能力和判斷力，我希望能把您的名字和理查法官及布萊恩市長列在一起。」

「是嗎？」顧客很高興，「我很榮幸。」

接下來，史蒂爾開始介紹他的產品，最後成交了。

第二章　看穿客戶的消費心理，開啟客戶的心門

史蒂爾就是憑藉著這些顧客名單，取得了很好的銷售業績。在這個案例中，我們看到史蒂爾就是善用這一推銷技巧的高手。他在向顧客推銷產品時，要求顧客，特別是有身分、地位的顧客簽上自己的名字，這為他以後的推銷奠定了基礎。

當他向其他顧客推銷產品時，就把有顧客親筆簽名的單子給顧客看，並且說：「我希望能把你的名字同理查法官及布萊恩市長列在一起。」這是典型的利用權威的策略，使客戶失去理性思考，陷入對權威的盲從狀態。

其實，顧客並不是相信理查法官和布萊恩市長本人，而是相信了他們的頭銜——外界授予的頭銜，繼而相信了他們的鑑別能力，而喪失了自己原有的鑑別能力，認為連這些名人都用他們公司的產品，那就肯定錯不了，最終高高興興地簽上自己的名字，購買了史蒂爾的產品。史蒂爾的公共權威策略取得了顯著效果，從事銷售行業的業務員不妨借鑑一下。

高帽子客戶都愛戴

我和船上的外科醫生，在輪船抵達直布羅陀後，上岸去附近的小百貨店購買當地出產的精美的羊皮手套。店裡有位非常漂亮的小姐，遞給我一副藍手套。我不想要藍的。她卻說，像我這種手戴上藍手套才好看呢。這一說，我就動了心，偷偷地看了一下手，也不知怎麼的，看起來果真相當好看。我想將左手的手套戴上試試，臉上有點發燒——一看就知道尺寸太小，戴不上。

「啊，正好！」她說道。

我聽了頓時心花怒放，其實心裡明知道根本不是這麼回事，我用力一拉，可真叫人掃興，竟沒戴上。

「喲，瞧您肯定是戴慣了羊皮手套！」她微笑著說，「不像有些先生戴這種手套時笨手笨腳的。」

我萬萬沒有料到竟有這麼一句恭維的話。我只知道怎麼去戴好手套。我再一用力，不料手套從拇指根部一直裂到手掌心去了。我拚命想遮掩裂縫。她卻一味大灌迷湯，我的心也索性橫到底，寧死也要識抬舉。

「喲，您真有經驗（手背上開口了）。這副手套對您正合適——您的手真細巧——萬一繃壞，您可不必付錢（當中橫裡也綻開了）。我一向看得出哪位先生戴得來（照水手的說

第二章　看穿客戶的消費心理,開啟客戶的心門

法,這副手套的後衛都『溜』走了,指節那兒的羊皮也裂穿了,一副手套只剩下叫人看了好不傷心的一堆破爛)。」

我頭上給戴了七八頂高帽子,沒臉聲張,不敢把手套扔回這天仙的纖手裡去。我渾身熱辣辣的,又是好氣,又是狼狽,戴上美女的高帽後心裡還是一團高興,恨只恨那位仁兄居然興致勃勃地看我出洋相。我心裡真有說不出的害臊,嘴上卻說:「這副手套倒真好,恰恰合手。我喜歡合手的手套。不,不要緊,小姐,不要緊,還有一隻手套,我到街上去戴,店裡頭真熱。」

店裡真熱,我從來沒有到過這麼熱的地方。我付了錢,好不瀟灑地鞠了一躬,走出店堂。我有苦難言地戴著這堆破爛,走過這條街,然後,將那丟人現眼的羊皮手套扔進了垃圾堆。

這個故事出自美國著名大作家馬克‧吐溫的《老憨出洋記》。作家以第一人稱的手法,詼諧、誇張而又淋漓盡致地描述了推銷中心理力量的精采一幕。

這位小百貨店的美麗小姐,為了說服顧客買她的羊皮手套,恰到好處地利用人們心理和情感等方面存在著的人性弱點,丟擲一頂頂高帽子,讓顧客陷入自己的揚揚得意中,跨入她設定的陷阱。

而這位愛面子、好虛榮、重尊嚴的顧客,寧死也要識「她」的抬舉,於是在被灌了一肚子迷魂湯後,在心裡「害

腺」和面上「開開心心」的矛盾下，戴著這堆「丟人現眼」的破爛羊皮手套走人。

這裡，漂亮的店員小姐緊緊抓住顧客人性弱點步步進攻，導致顧客不能做出最好的選擇而臣服在她的腳下。

人人都有虛榮心，都喜歡聽恭維的話。在推銷過程中，適當給顧客戴頂高帽子，讓顧客在陶醉中很容易就能購買你的東西了。

大多數人都喜歡聽漂亮話，喜歡被人讚美，有時候明明知道這些讚美之辭都言不由衷，但仍喜歡聽。因為人是虛偽的動物。在推銷中，如果能適當地恭維顧客，給他一頂高帽子戴戴，一旦他飄飄然，那你的推銷就一定會成功。

第二章　看穿客戶的消費心理，開啟客戶的心門

你不賣，顧客偏要買

相信你一定有過這樣的經歷，你的客戶總是對你所說的每件事都要進行澄清或反駁。你提出一個觀點，他立刻提出一個相反的觀點；或者你插入一段評論，他馬上覺得有必要提出更好或者更令人印象深刻的評價。不用說，遇到這種情形總是令人沮喪，而交流也因此難以深入下去。

在日常會談中，這種情形發生的頻率其實也比你想像的要頻繁得多。哪怕對於一個不大有感情色彩的評價，人們也常常會持反對態度。例如：當你說「聽說週末天氣不錯」時，對方立刻會反問道：「真的嗎？我覺得好像會下雨」，或者說，「太熱」、「太冷」、「太潮溼了」；還有的人認為現在說這個週末天氣怎麼樣有點「太早了」或「太晚了」。總之，對方似乎總是本能似的以反向心理對待你的言論。

反向是表示不同意的一種，它出於人的本能，帶有感情色彩，通常使人以相反的態度做出反應，常見的方式是表達相反的觀點。

在銷售中，我們也常常一開口就遭遇反對的反詰。你可以用一個最簡單的實驗來檢測一下客戶的反向心理。當你走

進客戶的辦公室微笑著詢問:「我選了一個好時間,對嗎?」那麼,他們的回答通常並不愉快,往往會說,「我現在正在忙」。下一次,你試著問一個相反的問題:「我來得不是時候吧?」大多數人會立刻邀請你進去,同時說:「不,正好是手上的事情忙得差不多了。」

反向是幾乎人人都有的行為反應,只是程度不同而已。反向行為看起來像是一種惡意的牴觸,但從心理學角度說,反向行為並不是有意識的反應,而大多數情況下都是客戶下意識的自我防衛。反向行為很少因為某人有意反對而發生,它的產生機制是人們需要感受到自我價值的存在。大多數的人透過對他人的反對來顯得自己很聰明,希望因此受到尊敬。

在銷售過程中,當客戶發生習慣性的反向行為時,你不能直接跟客戶說「別這麼做!」而應當了解到,客戶不自覺的反向心理實際上來源於人們天生對「掏自己口袋」的人抱有謹慎且懷疑的態度。這種謹慎孕育著抵制情緒,越是謹慎的消費者,就越容易產生反向行為。而業務員必須尊重客戶的反向心理,還有更聰明一點的業務員,懂得在銷售中充分利用消費者的反向本能,達到促進銷售的目的。

美國商人艾弗森專門經營捲菸。但這位商人運氣不好,幾年來商品一直乏人問津,很快瀕臨破產。萬般無奈之下,

第二章　看穿客戶的消費心理，開啟客戶的心門

艾弗森最後決定改變經營方法。

艾弗森在商店門口畫了一幅大廣告：「請不要購買本店生產的捲菸，據猜想，這種香菸的尼古丁、焦油含量比其他店的產品高 1%。」另用紅色大字標明：「有人曾因吸了此菸而死亡」。這一別具一格的廣告立即引起了當地電視臺的注意，透過新聞節目的宣傳，這家商店立即聲名鵲起，遠近馳名。一些消費者特地從外地來買這種捲菸，稱「買包試試，看死不死人！」還有些人還認為，抽這種菸能顯示自己的男子漢氣概。

艾弗森的捲菸店因此生意日漸興隆，最終成為擁有 5 個分廠、14 個分店的連鎖商店。

艾弗森正是巧妙地利用了消費者的反向心理，表面上是自揭家醜，故意道明商品的問題，實際上卻透過激發客戶的好奇心，克服了客戶的反向心理，讓顧客消除心理防衛，喜歡上他的產品。

「激發好奇心」是克服客戶反向心理的最佳途徑之一，我們在日常銷售工作中，也可以透過能夠激發人好奇心的話題，使交談的氣氛變得活躍，同時也使客戶更加投入、注意力更集中，從而更主動自願地了解你的產品和服務。

除了激發客戶的好奇心外，我們還有以下三種方式來有效消除客戶的反向心理：

◆ 多提問題少做陳述

交談中的陳述語氣很容易引發反向作用，因為大多數的陳述通常都有一個明確的觀點立場，很容易被人抓住提出反對意見。你的陳述觀點越明確，就越容易發生反向作用。相反，提問由於觀點模糊，就更不容易使對方感情激化，從而引起反向作用。例如：以「這個週末天氣好嗎？」代替「週末天氣不錯」的陳述，既能避免對方反向性的回答，又透過問題滿足了人們想要參與討論並提供某些資訊的心理需求。

◆ 信譽減少客戶的牴觸心理

一個業務員在其客戶心中的信譽越高，客戶的態度會越積極。良好的信譽能使你的客戶與你建立融洽的信任關係，這樣就減少了客戶反向心理的發生機率，有效展開交流。

◆ 站在對方的立場上

在銷售的過程中，如果我們能設身處地地站在對方的立場上，提出諸如「我來得不巧吧？」、「打攪你了嗎？」、「你的老闆對建議價格有些擔心吧？」之類的問題，對方能感受到你確實是為他著想，也便很容易消除內心的心理防線，願意敞開心扉與你交談——當然，你所問的上述問題，一定也都能夠得到否定的回答。

第二章　看穿客戶的消費心理，開啟客戶的心門

　　業務員在與客戶交流的過程中，很容易遭遇對方的反向心理。有些業務員總是試圖採用更主動、更有推動力的言語試圖說服對方，然而卻收效甚微。其實，只要掌握以上幾點，你就可以很容易地消除客戶的心理防衛，最終達成你想要的成交結果。

顧客很樂意別人向他請教

　　小張和小孟是同一家公司的業務員，兩人銷售同一種產品，而且恰巧同時面對一個客戶銷售。小張銷售時一直很專業地介紹自己的產品，卻無法被客戶喜歡和接受；而小孟大部分時間在與客戶閒聊，並不時向客戶請教一些問題，適當地表示感謝，對產品的介紹僅僅是一帶而過，結果是小孟當場成交。為什麼會這樣？

　　其實原因非常簡單，就只有非常微妙的一小點差距，那就是：小孟切中了客戶所追求的自我重要感。

　　小張很有專業精神，非常認真地向客戶介紹自己的產品，客戶為什麼不買帳？因為客戶不是一個物品，而是一個有感情的人。在銷售的時候，客戶的情感能在相當程度上影響客戶的購買決策。小張滔滔不絕地介紹自己的產品，壓根就沒顧及客戶的情感問題。而小孟看似只是在和客戶閒聊，而在輕鬆的氛圍中卻悄悄地用向客戶請教和感謝這兩個小技巧讓客戶獲得了心理上的滿足感。

　　客戶在購買商品的時候，希望透過購買商品和服務得到解決問題的方案以及獲得一種愉快的心理滿足感。可以說，客戶真正需要的不僅僅是商品本身，還需要我們應用業務學

第二章　看穿客戶的消費心理，開啟客戶的心門

的技巧讓客戶從情感上接受我們業務員和我們的商品，從而很自然地認跟我們的銷售建議，做出銷售決策。

勞爾是一位鐵管和暖氣材料的推銷商，多年來，他一直想和業務範圍極大、信譽也特別好的鐵管批發商達西先生做生意。

但是由於達西先生是一位特別傲慢自負、喜歡讓別人窘迫的人，他以無情、刻薄為榮，這讓勞爾吃了不少苦頭。每次勞爾出現在他辦公室門前時，他總是吼道：「不要浪費我的時間，我今天什麼也不想要，走開！」導致場面十分尷尬。

當時勞爾的公司正計劃在亞特蘭大開一家新公司，而達西先生剛好是在亞特蘭大長大的，對那個地方特別熟悉，還在那裡做了很多生意。勞爾由此想到了一個征服這位傲慢達西先生的「技巧」。於是，他再次去拜訪達西先生，對他說：「先生，我今天不是來推銷東西的，而是來請您幫忙的，不知您有沒有時間和我談一談？」

「嗯……好吧，什麼事？快點說。」（很明顯的，達西先生的語氣開始有所緩和。）

「我們公司想在您的故鄉亞特蘭大開一家新公司，而您對那邊的情況特別熟悉，所以我就大老遠地跑來請您幫忙指點一下，您能賞臉指教一下嗎？」

聞聽此言，達西先生的態度與以前簡直判若兩人，他拉過一把椅子給勞爾，請他坐下。在接下來的一個多小時裡，他向勞爾詳細地介紹了那個地方的特點。他不但贊成勞爾的公司在那裡辦新公司，還著重向他說了關於儲備材料等方面

顧客很樂意別人向他請教

的方案。他還告訴勞爾他們的公司應如何開展業務。最後擴展到私人方面，他變得特別友善，並把自己家中的困難和夫妻之間的不和也向勞爾訴說了一番。

最後，當勞爾告辭的時候，不但口袋裡裝了一大筆初步的裝備訂單，而且兩人之間還建立了友誼，以後兩人還經常一塊去打高爾夫球。達西先生那麼傲慢無禮的人，居然能在勞爾說出向他請教的時候變得溫謙起來，這個前後態度的一百八十度大轉彎，來源於勞爾的請教。勞爾的請教剛好切中了達西先生的自我重要感，好為人師、好表現自我重要感讓達西先生願意解答勞爾的問題，願意跟他開始在友善的氛圍中談合作。

心理學家佛洛伊德說，每一個人都有想成為偉人的欲望，這是推動人們不斷努力做事的原始動力之一。渴望被人重視，是人類的一種普遍本能和欲望，我們每個人都在努力往高處爬，希望得到別人的尊重和喜歡。客戶也沒有例外。自我重要感存在於客戶的消費心理中，客戶更加希望能夠透過自己的消費得到社會的承認和重視。客戶的這種心理需求剛好給我們業務員推銷自己的商品提供了一個很好的突破口。業務員可以透過刺激客戶的自我重要感來促成客戶的購買決定。

真誠地尊重客戶，給他們重要感，是開啟對方心門最不可小覷的心理學技巧。業務員要永遠都讓客戶感受到自己的重要，多給客戶一些關心和理解，對客戶的尊重和付出，會得到客戶同樣甚至更多的回報。

第二章　看穿客戶的消費心理，開啟客戶的心門

「數量有限」：讓顧客擔心再也買不到

「物以稀為貴，情因老更慈。」這是出自唐代著名詩人白居易的〈小歲日喜談氏外孫女孩滿月〉一詩中的名句，描寫了一位老人初抱孫女的喜悅之情，詩中還寫到「懷中有可抱，何必是男兒」，也就是說自己在離世之前能抱上外孫，管他是男孩還是女孩，有總比沒有強。而物以稀為貴也是心理學中的一個非常重要的原理，稀缺原理。

製造短缺甚至是稀缺的假象，可以極大影響他人的行為。

稀缺產生價值，這也是黃金與普通金屬價格天壤之別的原因。當一樣東西非常稀少或開始變得稀少的時候，它就會變得更有價值。簡單說就是「機會越少，價值就越高」。

從心理學的角度看，這反映了人們的一種深層的心理，因為稀缺，所以害怕失去，「可能會失去」的想法在人們的決策過程中發揮著重要的作用。經心理學家研究發現，在人們的心目中，害怕失去某種東西的想法對人們的激勵作用通常比希望得到同等價值的東西的想法的作用更大。這也是稀缺原理能夠發揮作用的原因所在。

「數量有限」：讓顧客擔心再也買不到

　　而在商業與銷售方面，人們的這種心理表現尤為明顯。例如商家總是會隔三岔五地搞一些促銷活動，打出「全場產品一律五折，僅售三天」、「於本店消費的前30名客戶享受買一送一優惠」等標語，其直接結果是很多消費者聽到這樣的訊息都會爭先恐後地跑去搶購。為什麼？因為在消費者心中，「機不可失，時不再來」對他們的心理刺激是最大的，商家就是利用客戶的這種怕買不到的心理來吸引客戶前來購買和消費。

　　夏季過去了大半，而某商場的倉庫裡卻還積壓著大量襯衫，如此下去，該季度的銷售計畫將無法完成，商場甚至會出現虧損。商場經理布拉斯心急如焚，他思慮良久，終於想出了一條對策，立即擬寫了一則廣告，並吩咐售貨員道：「未經我點頭允許，不管是誰都只許買一件！」

　　不到5分鐘，便有一個顧客無奈地走進經理辦公室：「我想買襯衫，我家裡人口很多。」

　　「哦，這樣啊，這的確是個問題，」布拉斯眉頭緊鎖，沉吟半晌，過了好一會兒才像終於下定決心似地問顧客：「您家裡有多少人？您又準備買幾件？」

　　「五個人，我想每人買一件。」

　　「那我看這樣吧，我先給您三件，過兩天假如公司還會進貨的話您再來買另外兩件，您看怎樣？」

　　顧客不由得喜出望外，連聲道謝。這位顧客剛一出門，

第二章　看穿客戶的消費心理，開啟客戶的心門

另一位男顧客便怒氣沖沖地闖進辦公室大聲嚷道：「你們憑什麼要限量出售襯衫？」

「根據市場的需求狀況和我們公司的實際情況，」布拉斯毫無表情地回答道，「不過，假如您確實需要，我可以破例多給您兩件。」

服裝限量銷售的消息不脛而走，不少人慌忙趕來搶購，以至於商場門口竟然排起了長隊，要靠警察來維持秩序。傍晚，所有積壓的襯衫被搶購一空，該季的銷售任務超額完成。

「物以稀為貴」，東西越少越珍貴。在消費過程中，客戶往往會因為商品的機會變少、數量變少，而爭先恐後地去購買，害怕以後再買不到。業務員要牢牢把握客戶的這一心理，適當對客戶進行一些小小的刺激，以激發客戶的購買欲望，使銷售目標得以實現。有一位客戶走了很多商店都沒有買到他需要的配件，當他略顯疲憊又滿懷希望地走進一家商店詢問的時候，業務員否定的回答讓他失望極了。業務員看出了客戶急切的購買欲望，於是對客戶說：「或許在倉庫或者其他地方還有這種沒有賣掉的零部件，我可以幫您找找。但是它的價格可能會高一些，如果找到，您會按這個價格買下來嗎？」客戶連忙點頭答應。在銷售活動中，稀缺原理無處不在，關鍵是如何使用才會達到銷售目的甚至超出預期銷售目標。最好的業務員無疑也是最能夠掌握客戶心理的。

「數量有限」：讓顧客擔心再也買不到

- 「獨家販售」——別的地方沒得賣，可供選擇的餘地小；
- 「訂購數量有限」——獲得商品的機會稀缺，極有可能會買不到；
- 「僅售三天」——時間有限，一旦錯過就不再有機會。

也就是說，業務人員設定的期限越徹底，其產品短缺的效果也就越明顯，而引起的人們想要擁有的欲望也就越強烈。這在業務員進行產品銷售的過程中是很有成效的。這些限制條件向客戶傳達的資訊就是：除非現在就選擇購買，否則會支付更多的成本，甚至根本就買不到。這無疑給客戶施加了高壓，使其在購買選擇中被稀缺心理俘虜。

第二章　看穿客戶的消費心理，開啟客戶的心門

顧客受不了別人示弱

曾經有一個業務員，向一家位於郊區的公司進行推銷，幾個月下來，毫無進展。這一天，他按照約定再次前往該公司推銷。不料，車子在半路上拋錨，前不著村，後不著店，沒有公車，甚至順風車也沒有。他一咬牙，就在大太陽下邁開了雙腳。趕到那家公司，見到對方經理後，這位業務員一頭暈倒在地。

等他醒來，對方立即表示要和他簽約，寧可放棄另一家公司業務員承諾的優厚條件。這位「幸運的」業務員喜出望外，問對方為什麼這麼做，對方說：「你竟然迎著烈日趕來，差點丟了一條命，我們實在是太感動了。你這樣的人，我們信得過！」讓顧客看到你的真誠，用你的行動去打動顧客，這是推銷取勝的一個關鍵因素。

8月下旬的一天，颱風掃過臺灣南部，某市到處是積水，很多單位關緊門窗，安排員工休息。有一位保險業務員本來和一位住在郊區的準客戶約好，當天上午去簽約，但是一看這天氣，就沒有去，等到下午風勢、雨勢減小些，才跑到客戶那裡，客戶卻告訴他：已經買了保險！原來，另一家保險公司的兩個業務員在上午風勢最猛時，坐計程車去拜訪，客戶被冒雨登門的業務員們感動了，當即決定和他們簽合約。

如果你和對方約好商談時間,就絕不能擅自更改,烈日、風、雨、雪等惡劣天氣都能為你所用。

固然,一身清爽地出現在對方面前可以抬高你的身價,還可以強化你的專業形象,但被晒得喉嚨冒煙,被雨淋得像落湯雞,被風吹亂髮型,被泥濘弄髒鞋襪和褲子等等,都會使你看起來更像一個正常的人、一個比較脆弱的人,從而激發對方的愛心。同情弱者是人類的本能。那麼準時抵達呢?當然會加強你守信用的形象。

激發顧客同情心的同時,讓他們充分感受到優越感。任何人都是同情弱者的,相比之下,你離成功就近了很多。

第二章　看穿客戶的消費心理，開啟客戶的心門

號對顧客的脈，滿足其精神需求

每個人的品味和欣賞水準不一樣，你覺得好看的衣服別人未必覺得好看，你跟他推薦的衣服他也未必會感興趣。特別是知識型的顧客大都有自己的主見，你那廂熱情洋溢地給他做推薦，他這廂壓根就不會領情，只會覺得你太主動了，對他是一個礙眼物。

一位顧客走進某服裝店。

業務員：小美女，歡迎光臨。我們店現在做促銷，買1,000贈250元，買得越多送得越多。

顧客：不好意思，我對於這些優惠沒有興趣。我從來不買這麼成熟的衣服。哪怕優惠再多，價格再低，我都不會考慮的。我只喜歡青春活潑的風格。

業務員：年輕漂亮的女孩子應該嘗試不同風格的衣服呀。不試怎麼知道不合適呢？我看這種風格的衣服美女穿起來一定會比你現在那個風格好看啊。

顧客：對不起，我不能接受這種風格。

業務員：美女我可以向你保證你穿上去肯定是最好看的，並且還正在做活動，機不可失時不再來……

顧客：對不起，我還有事。

號對顧客的脈，滿足其精神需求

顧客頭也不回地走了。這位業務員的錯誤在於：連顧客想要的是什麼都不知道就開始自以為是滔滔不絕地進行推銷。即使顧客說了不喜歡那種風格的衣服，業務員依然不設身處地地為顧客著想，絲毫沒有轉彎的想法。她的衣服介紹是「死」的，跟背臺詞似的，完全不考慮顧客的感受和反應。

這是一種典型的推銷錯誤。很多導購在向顧客推薦產品時，自以為只要有毅力堅持下去，就可以獲得成交。然而，導購的毅力和堅持卻常常引起顧客的不耐煩，甚至把對方嚇跑。真正聰明的業務員，會在探清楚顧客的實際需求之後，再採取相應的技巧進行銷售。除了品牌、品質、價位等因素，現在的很多顧客也非常重視精神上的滿足感。比如下文中的婭婭就是這樣的典型顧客。

婭婭無意間看到了一則高級美容店的廣告，被廣告的內容吸引了，便按地址找到了那家美容店。沒想到，那個美容店居然坐落於銀座最貴的地段。婭婭進入門市之後，發現內部裝修非常講究品味，地上鋪著柔軟舒適的絨毯，所有的家具都是北歐製的高級品。

看到眼前的這番情況，婭婭放下了心，在美容小姐的引導下，婭婭接受了美容護膚服務。雖然婭婭感覺這家店的美容效果和別的店並沒有多大的差別，不過這家店向婭婭索要的費用要比一般的美容店高出一大截。雖然錢包大出血，但是因為在銀座的高級美容店享受到了一流的美容服務，婭婭

第二章　看穿客戶的消費心理，開啟客戶的心門

感到相當滿足。僅僅因為這個理由，婭婭至今仍然時常光顧那家美容店。

很多客戶進入美容院，真正期待美容師所帶給她的，並不單單是「容貌」的改善，還有消費之後所帶來的精神愉悅和心理的滿足感。隨著經濟的發展，人們的基本生理需求已大大滿足，人們已經開始意識到精神方面的需求，迫切希望能夠在這方面有所補償。針對客戶的這種心理需求，我們業務員要採取各種技巧來滿足，以獲得銷售的成功。

便宜沒好貨，抓住客戶的「價值」心理

客戶：「那兩張床墊價錢怎麼算？」

A業務員：「那張較大的是3,000元，另外一張是6,000元。」

客戶：「這一張為什麼比較貴，這一張小的應該更便宜才對！」

A業務員：「這一張進貨的成本就要5,000多了。」

客戶本來對較大的那張3,000元的床墊感興趣，但想到另外一張居然要賣6,000元，那較大的那張床墊一定粗製濫造，因此，就不買了。

客戶又走到隔壁的B家具店，看到了兩張同樣的床墊，打聽了價格，同樣是3,000元及6,000元，客戶就好奇地請教B業務員。

客戶：「為什麼這張床墊要賣6,000元？」

B業務員：「先生，請您到兩張床墊上都躺一下，比較一下。」

客戶依著他的話，兩張床墊都躺了一下，一張較軟，一張稍微硬一些，躺起來都挺舒服的。

B業務員看客戶試完床墊後，接著告訴客戶：

073

第二章　看穿客戶的消費心理，開啟客戶的心門

「3,000 元的這張床墊躺起來比較軟，您會覺得很舒服，而 6,000 元的床墊您躺起來覺得不是那麼軟，這是因為床墊內的彈簧數不一樣，6,000 元的床墊由於彈簧較多，絕對不會因變形而影響到您的睡姿。不良的睡姿會讓人的脊椎骨側彎，很多人腰痛就是因為長期的不良睡姿引起的，光是多出彈簧的成本就要多出將近 2,000 元。而且，您看這張床墊的支架是純鋼的，它比非純鋼的床墊壽命要長一倍，它不會因為過重的體重或長期的翻轉而磨損、鬆脫，要是這一部分壞掉的話，床墊就報銷了。因此，這張床墊的平均使用年限要比那張多一倍。

另外，這張床墊，雖然外觀看起來不如那張豪華，但它完全是依照人的身體結構科學設計的，睡起來雖然不是很軟，但能讓您的脊椎得到最好的休息。而且孕婦睡的話，不會使肚子裡的胎兒受到擠壓。這張床墊不是那麼顯眼，卻是一張精心設計的好床墊。老實說，那張 3,000 元的床墊中看不中用，使用價值沒有這張 6,000 元的高。」

客戶聽了 B 業務員的說明後，心裡想：為了保護我的脊椎和家人的健康，就是貴 3,000 元也無妨。

從場景中我們可以看出，A 業務員面對客戶的價格質疑，只是採取了最傳統的解釋方法，沒有說明床墊的真正價值所在，當然不能令客戶滿意，而且在客戶的頭腦中形成了便宜床墊品質不好的猜想，銷售必然是以失敗而告終。

B 業務員則抓住了客戶的「價值心理」。他首先讓客戶躺到床墊上親自體驗一下兩張床墊的不同,從而在客戶的大腦中建立對兩張床墊的初步認知。在此基礎上,他又深入分析了兩張床墊的不同之處及 6,000 元床墊的種種好處,從而把客戶的思維從考慮價格轉移到考慮價值,取得客戶的認同,最後成功銷售。我們在銷售活動中,要學會引導客戶把注意力轉移到商品的價值上來,用價值來帶動客戶的決策,從而達成銷售。

第二章 看穿客戶的消費心理,開啟客戶的心門

第三章
對症下藥,
找到各類客戶心理突破口

第三章　對症下藥，找到各類客戶心理突破口

對精明穩重型客戶要謹慎應對

個性穩重的客戶是比較精明的客戶。他們注意細節，思考縝密，決定遲緩並且個性沉穩不急躁。與個性穩重的客戶商談時，如果你的性子比較急，可能會感到焦慮，這樣對業務工作有害無益。面對這樣的客戶，你需要小心謹慎，無論如何都要配合對方，以博取他們的信任。

業務人員：「您是否已經清楚地了解了我推薦給您的這種產品的特徵？由於我是第一次向您推薦這種產品，所以我怕自己說得不夠清楚。」

客戶：「我還需要一些時間考慮。」

業務人員：「是嗎？我想也不宜現在就做決定，最好經過深思熟慮再說。還有，我幫您彙集了一些資料，不曉得對您是否有用。」

客戶：「是什麼？」

業務人員：「是100家上市公司5年內事務用品經費的統計數字。」

客戶：「哦，是這種東西啊？」

業務人員：「是的，這是很珍貴的數據。它是民間自行做的調查，或許信賴度要打些折扣，不過大致上沒錯。」

客戶:「可否借我一閱?」

業務人員:「當然,我是特地為您做的調查,相信它可以為您提供幫助。」

個性穩重的客戶有一些共同之處,比如:

- 他們珍惜自己的時間,不會輕易地被電話中所說的產品所打動;
- 他們直言不諱。他們提不同意見時,甚至顯得粗暴無禮;
- 他們非常固執,過於固執己見;
- 他們屬於控制型的人,喜歡用一大堆問題或言辭嚇退對方。

對於這種類型的客戶,無論你如何想方設法來說服他,如果你無法讓他自己說服自己,他便不會做出購買決定。不過,你一旦贏得了他們的信任,他們又會非常坦誠。如果你想引導他做出有利於你的結論,反而會引起他的反感。與這種類型的客戶談判應遵循以下策略:

◆ 第一,配合客戶的步調

包括以下幾點:

- 語調和語速同步;
- 共識的同步;

第三章　對症下藥，找到各類客戶心理突破口

- 情緒的同步；
- 語言文字的同步。

◆ 第二，要使對方自己說服自己

業務人員千萬不能為他做決定，你只能提供做決定的依據。比如：「這套化妝品最大的特點是快速使皮膚滋潤，而且不傷皮膚。我抽時間為您送去一點贈品，讓您試試，感受一下。到那時，您再決定該買還是不該買。您看行嗎？」

總之，與個性穩重的客戶談判要小心謹慎。

讓墨守成規型客戶看到實用價值

在消費活動中，物美價廉是大部分客戶追求的目標。如果將其拆分為「物美」和「價廉」兩部分，很明顯，價廉針對的是愛占便宜型客戶，那「物美」最適合的是哪類客戶呢？

墨守成規型客戶永遠追求商品的實用價值！當他們看到商品的實用價值時，就好比是老葛朗臺見到了金子！

相對於追求新潮、時時求變的客戶來說，墨守成規的客戶顯得思維比較保守、性格比較沉穩，不易接受新事物，做任何事情都遵循規律是他們的習慣。經研究分析發現，在生活中墨守成規的人總是循規蹈矩，喜歡用一些條條框框來約束自己的行為，他們做事往往表現得很細心、很沉穩，善於傾聽，更善於分析。他們的眼光也比較挑剔。在消費觀念上，墨守成規的客戶總是喜歡在同一家商店購買商品，並且往往認準一個牌子的東西就會一直用下去。他們非常容易被先入的觀念影響，並且一旦形成固定的印象就很難改變。對於業務員來說，墨守成規型客戶是很難被說服的。

墨守成規型客戶還有一個明顯特點，在選購商品的時候最注重商品的安全和品質。他們會對商品做出理智的分析和

第三章 對症下藥，找到各類客戶心理突破口

判斷，適合自己長期使用的才會購買。值得一提的是，他們追求產品的優等品質，卻限於實用的範疇內，太高級的產品是他們所不能夠接受的，因為他們認為高級的、華而不實的消費是奢靡的，不值得提倡。

了解了墨守成規型客戶的心理特點之後，搞定這類客戶的技巧也就出來了：我們先要耐心地給他們進行商品介紹與講解，不能著急。因為急於求成反而會讓這類客戶產生懷疑，頑固心理會更加強烈，更加堅不可摧。其次，我們要將產品實力作為一個很好的突破口，讓他們在對比中發現我們的產品比其他產品效能更好。就這樣潛移默化地改變客戶的觀念，讓他們接受商品，進而做出購買決定。在使用這個技巧的時候，我們一定要沉住氣，按照客戶的節奏，用產品能夠給其帶來的實實在在的好處來慢慢說服他們，這樣才能打動墨守成規型客戶的心。

我們可以看一下業務員小謝是怎麼運用這一技巧的：

小謝所任職的打字機公司店面生意不錯，從早上開門到現在已經賣出去好幾臺了，此時又有一位顧客來詢問打字機的效能。小謝介紹道：「新投放市場的這類機型的打字機採用電動控制裝置，操作時按鍵非常輕巧，自動換行跳位，打字效率比從前提高了15%。」

他說到這裡略加停頓，靜觀顧客反應。當小謝發現顧客

讓墨守成規型客戶看到實用價值

目光和表情已開始注視打字機時,他覺得進攻的途徑已經找到,可以按上述路子繼續談下去,而此時的論說重點在於把打字機的好處與顧客的切身利益連結。

於是,他緊接著說:「這種打字機不僅速度快,可以節省您的寶貴時間,而且售價比同類產品還略低一點!」

他再一次停下,專心注意對方的表情和反應。正在聽講的顧客顯然受到這番介紹的觸動,心裡正在思量:「既然價格便宜又可以提高工作效率,那它準是個好東西。」

就在這時,小謝又發起了新一輪攻勢,此番他逼得更緊了,他用聊天閒話家常的口吻對顧客講道:「先生看上去可是個大忙人吧,有了這臺打字機就像找到了一位好幫手,工作起來您再也不用擔心時間不夠了,下班時間也可以比以前早,這下您就有時間跟太太常在一起了。」小謝一席話說得對方眉開眼笑,開心不已。

小謝一步步逼近顧客的切身利益,抓住對方關心的焦點問題,成功地敲開了顧客的心扉,一筆生意自然告成。從這個真實的銷售場景中,我們可以發現,小謝是一個特別會察言觀色的業務員,這一點是銷售高手必須具備的靈氣。他在介紹打字機優點的時候,捕捉到客戶的目光已經開始注視打字機了,於是他立即知道客戶已經有些動心了。接下來,他用「這種打字機不僅速度快,可以節省您的寶貴時間,而且售價比同類產品還略低一點!」這句話,巧妙地將購買打字

第三章　對症下藥，找到各類客戶心理突破口

機的好處與客戶的切身利益連結。等客戶更加心動的時候，他發起更緊迫的攻勢，一步步逼近客戶切身利益，讓客戶覺得不買都對不起自己了，銷售也就大功告成了。

　　場景中的客戶，少言寡語，但是小謝卻用直接切中商品實用價值這個技巧征服了他。這說明，墨守成規型的客戶雖然思想相對守舊，不容易接受新產品，也比較難以被說服，但是只要業務員能夠耐心為他們詳細講解產品的好處，尤其對於商品的實用性的描述和對品質的保證，讓客戶覺得安全放心，打動這類客戶的心也就容易多了。

對反覆無常型客戶要趁熱打鐵

相信許多業務人員在進行推銷時,都會碰上這樣一種客戶:很情緒化,答應好的事,過不了多久就變卦了,因此稱他們為「反覆無常型」客戶。

那麼,遇到這種反覆無常型的客戶,業務人員怎麼應付比較妥當呢?

「喂!陳總您好,我是小劉,上次我們談過關於安裝機器的事,我今天派安裝人員過去,您安排一下?」

「呀,這個事啊,是今天嗎?小劉你這樣,我今天很忙。你再過兩天打電話過來,我們再談。」

「陳總,我們這事已經定過三次了,您對這個機器也滿意,現在天也要冷了,盡快安裝上也可以避免很多麻煩,您說對吧?」

「對,這是肯定的。」

「陳總,今天您開會是幾點到幾點?」

「這個會猜想要開到11點。」

「那您下午沒別的安排吧?」(尋找空檔。)

「下午很難說,下午我跟客戶有個聚會。」

第三章　對症下藥，找到各類客戶心理突破口

「陳總，這樣，我們的人現在就過去。我們花半個小時時間，您安排一下，接下來的工作，我們就和其他人具體交涉了，您還去參加您的聚會，沒問題吧？」

「那好吧。」

針對這種反覆無常型客戶，心急吃不了熱豆腐，業務人員首先要有足夠的耐心。

小劉已經第四次與陳總接洽了，每次陳總給人的印象都是很爽快，但等到小劉催單的時候他卻三番五次地反悔。在有些情況下，拍板人爽快地同意，只是為進一步考慮怎麼脫身爭取時間。小劉透過分析確認陳總屬反覆無常型客戶，於是有針對性地設計了以上說辭。

從對話第二段中，可以看出陳總在前一次電話裡答應得很爽快，但等到小劉說要派人去安裝的時候，他馬上又改變了主意。小劉看他又要玩「太極」，馬上就說出第三段話來，並強調天冷，不趕緊安裝就會出現別的麻煩。陳總只能用「對，這是肯定的」作答，從而為自己爭取時間考慮怎麼脫身。為了不讓他再拖了，小劉要從他的時間安排裡找到空隙。這樣，就不會給他再次「拖」的機會和藉口。不要以為再約一個時間就一切都解決了，小劉在陳總說「下午很難說，下午我和客戶有個聚會」後使用了策略，防止拍板人一切從頭再來。因此，最後小劉緊追不捨，不給他出爾反爾的機

會，讓其立即拍板。

　　對待這種反覆無常型客戶就應該像小劉一樣，不給客戶一直拖延的機會，找到空隙就要趁熱打鐵，緊追不捨，否則只會遙遙無期，最後只得放手。另外，一些客戶接到你的電話並不準備傾聽或進行建設性對話、甚至攻擊你時，仍然要保持愉悅的心態，不要在意客戶的不敬。這也展現出了一名合格的業務人員的修養與能力。

第三章　對症下藥，找到各類客戶心理突破口

幫猶豫不決型客戶做出決定

假設你想買一件襯衫，到百貨公司或專賣店選購。在你還未決定到底要買哪種顏色、樣式、風格的襯衫時，必定會猶豫不決地在賣場裡來回挑選，此時，店員便會走上前來為你服務。

「請問您需要哪種顏色的襯衫？」

「嗯，深藍色的……」

「深藍色的嗎？這件您覺得如何？」

「嗯……花格子襯衫看起來似乎年輕了點，不符合我的年紀……」

「不會啦，您穿起來休閒又帥氣，而且款式新穎，又很合您的身材，和您再相配不過了，老實說真是物超所值哩！您還考慮什麼呢？」

「噢，是嗎……嗯……好吧，就買這件。」

像這類客戶和店員間的對話，在日常生活中屢見不鮮，或許你也曾有過類似的經驗。只要認真分析一下，你就會發現其中的奧妙。

其實客戶在進入商店之前，往往只是單純想買件襯衫，對於樣式並沒有任何概念。而店員在觀察到他猶豫不決的神

態後,腦海中便飛快地擬出一套推銷策略。他隨手拿起一件放在面前的衣服,告訴客戶這是「最流行的」、「穿起來非常合身」之類的話,讓客戶不知不覺產生一股「想要買下來」的衝動。

正因為客戶在踏進這家店之前,心中還弄不清楚自己究竟想要買哪種樣式的襯衫,所以在聽完店員一席話之後,便以為自己心目中理想的襯衫就是眼前這一件,於是痛痛快快地買下,而店員也因此成功說服客戶成交了一筆生意。

這樣的例子,在日常生活中不勝列舉。為什麼人們會那麼容易被說服呢?這是因為人們做事普遍都有一些傾向:

◆ 希望別人給出一個理由

人們在做一件事的時候,總是習慣先考慮為什麼。所以如果你想讓別人做某個決定,就要先告訴他們這樣做的理由。但是,你提供的這個理由必須能夠讓他(她)接受,否則會適得其反。你要讓他們相信,你的理由對他們有利,如果照你說的做,他們是真正的受益者。

◆ 思維陷阱

在涉及真的需要做出決定的問題之前先問一些其他有明確答案的問題,比如:「您希望日子過得更好一些,是嗎?」或者「您希望錢花在最有價值的東西上,是嗎?」等等。這些

第三章 對症下藥，找到各類客戶心理突破口

問題通常是只能用「對」來回答的。這樣，人們就會進入一個表示同意的思維框架，在需要做決定的時候，他（她）就更容易說「對」。

◆ 非此即彼

在期待對方做出決定時，如果你讓對方發現，不管怎樣說，他（她）都是在對你說「對」，只是選擇不同而已，那你就成功了。比如：你可以說：「你喜歡這一件還是白色的那一件？」而不要說：「你要一件嗎？」

◆ 我期待著您說「好」

幾乎所有的人都是中立的，他們在決定面前習慣於被領導。所以，你要讓他們做決定之前明確地感覺到，你在期待著他們說「好」。這種感覺往往讓許多人毫不猶豫地隨你而去，學會說「好」。

◆ 怕自己的判斷會出錯

於是盲目從眾，將價值的衡量權完全交由他人。換句話說，只要有人處處順從自己的心意，我們便很容易將那人當作知己，進而全盤接受他。要說服客戶不僅要懂得曉以利弊，還要讓客戶明白，若接受你所提出的建議會產生什麼好處，更要進一步說服對方付出行動。

對外向開朗型客戶要乾脆俐落

相對於沉默內斂的內向型客戶，相信我們大部分業務員還是更喜歡和陽光開朗的外向型客戶打交道。但是我們會發現一個非常蹊蹺的問題：在和外向型客戶交談的時候，我們會非常愉快，但是一到成交的時候，我們才意外地發現，原來外向型的客戶並不好「對付」。更令人難以理解的是，往往還在我們介紹產品的時候，外向型客戶就突然直接離開了。為什麼會這樣？

原因只有一個，那就是外向型客戶討厭囉唆，你要是介紹產品時囉哩囉嗦沒完沒了，他肯定避之唯恐不及。於是就出現了讓我們難以理解的奪門而逃現象。

著名的心理學家榮格，以人的心態是指向主觀內部世界還是客觀外在世界為依據，將人分為內向型和外向型兩種類型。內向型的人心理活動傾向於內部世界，他們對內部心理活動的體驗深刻而持久；外向型的人心理活動傾向於外部世界，他們經常對客觀事物表現出極大的興趣，他們不喜歡苦思冥想，因此常常要求別人幫助自己滿足情感需要。

外向型的人心直口快，非常容易交流，且不會讓人感覺

第三章　對症下藥，找到各類客戶心理突破口

壓抑。當業務員在向他們介紹商品的時候，他們很樂意聽，並且會積極參與。外向型客戶有一個顯著的特點就是，比較有主見，能夠迅速做出判斷，但是其判斷往往只限於善惡、正邪、敵我及有用無用等方面，比較極端化，不會去關注事物的具體情況及細節。所以，他們的決定也會比較武斷，喜歡就會很痛快地購買，不喜歡就會果斷拒絕。

在面對外向型客戶時，我們使用的技巧非常簡單，那就是要跟得上他的節奏，說話要乾脆俐落，回答問題要準確清晰，絕不拖泥帶水，以跟他相似的氣勢壓倒他，讓他心悅誠服地進行購買。我們來看看小楊是怎麼做的：

小楊是一家設備公司的業務員，他聯絡了一位客戶，是某公司的經理，姓方。小楊向他推銷一套辦公設備，與客戶約定早上9點在方經理辦公室見面。小楊最近一段時間的業務工作進展得很不順利，他不知道這次能不能成功，心裡忐忑不安。

按照地址，小楊很順利地找到客戶所在的辦公大樓。他意外地發現，方經理的祕書已經按照經理的吩咐在迎接小楊。這讓小楊感到受寵若驚，異常歡喜，他想這應該是位比較和善的外向型客戶。

果然，方經理對小楊非常熱情，並且主動和他聊天。小楊在與方經理溝通的過程中，仔細觀察方經理的言行舉止，並作出判斷：方經理是一個不拘小節、性格外向的人，應該

對外向開朗型客戶要乾脆俐落

很容易交流。於是小楊也不再拘謹，而是順著方經理的話題，迎合方經理，侃侃而談，並巧妙地把他引到辦公設備的話題上。

中間小楊還穿插了幾個自己推銷過程中比較有趣的故事，使方經理把注意力完全轉移到自己及自己的產品身上。對於方經理關於產品的一些提問，小楊總是很清晰準確簡潔地給以答覆，說話不拖泥帶水，給方經理留下了業務專業、行事幹練、自信誠懇、精神飽滿的好印象，因而更加拉近了彼此之間的距離。

方經理將自己對於辦公設備的想法向小楊說明，小楊很快就針對他的想法提出了合理的方案，讓方經理很是滿意。最後，方經理痛快地訂購了整套設備，給小楊帶來了不小的收益。

不得不說，小楊是一個銷售高手，有著非同一般的敏銳嗅覺。在剛進辦公大樓的時候，他就透過方經理吩咐祕書特地去接他的小細節猜出方經理的外向型性格。在與方經理的溝通環節中，他已經判斷出方經理是一個外向型的人。於是他順著方經理的話侃侃而談，很巧妙地將話題引到了他所要推銷的產品上。並且，他介紹產品時非常的乾脆俐落，並為方經理提出了合理的方案，順著這股肯定自信的氣勢，方經理也不由自主被他的氣場所影響，非常痛快地訂購了產品。

在「對付」外向型客戶的時候，我們唯一的技巧就是乾

第三章 對症下藥，找到各類客戶心理突破口

脆俐落一口氣將產品的優點迅速地呈現在客戶面前。我們應該像小楊一樣，摸清楚客戶的興趣和意願，順著他們的話題說，並想辦法引起他們的注意，巧妙地把自己的產品引到談話當中，讓客戶在不知不覺中被吸引。

對內向沉默型客戶要溫柔誠懇

心理學研究發現，相比性格開朗、易於溝通的外向型的人，性格封閉、不易接近的內向型的人感情及思維活動更加傾向於心靈內部，感情比較深沉。他們不善言辭，待人接物小心謹慎，一般情況下他們避免甚至害怕與陌生人接觸。雖然內向性格的人比較愛思考，但他們的判斷力常常因為過分擔心而變弱，甚至優柔寡斷。對於新環境或新事物的適應，他們往往需要很長的週期。

由於內向型客戶對陌生人的態度比較冷漠，且情緒內斂、沉默少言，在消費過程中也會小心翼翼，甚至久久拿不定主意，使得業務員的銷售工作很難有進展。在銷售的過程中，往往是業務員問一句，神情冷漠的內向型客戶答一句，不問就不答。交談的氛圍相當的沉悶，我們業務員的心情也會比較壓抑，想要迅速促成交易往往是很困難的事情。

然而，在面對內向型客戶的時候，我們真的就束手無策了嗎？有沒有什麼技巧能幫我們開啟這些悶葫蘆的錢包呢？

答案是肯定的。實際上，內向型客戶也沒那麼難搞定，我們的業務員切勿被內向型客戶的外表神情所矇騙，從而打起了退堂鼓。善於觀察的業務員會發現，雖然內向型客戶少

第三章　對症下藥，找到各類客戶心理突破口

言寡語，甚至表面看上去反應遲鈍，對業務員及其推銷的商品都表現得滿不在乎，不會發表任何意見，但實際上他在認真地聽，並且已經對商品的好壞進行了思考。

其實，內向型客戶非常的細心，只是源於其性格中對陌生人極強的防禦和警惕本能，使得他們即使很贊同業務員的觀點，也不會說太多的話。他們嘴上不說，但是心中有數。一旦開口，所提的問題大多很實在、尖銳並且切中要害。

所以，我們業務員對待內向型客戶的技巧就是，一如既往地溫柔對待。要細緻入微地體驗他那顆敏感多疑的心，理解他、體諒他、接近他，打消他的疑慮，讓他感覺到安全、溫暖和踏實，慢慢地取得他的信賴和依靠感，這個時候再向他推銷產品就水到渠成了。

王建是某手機超市的業務員。有一天，一位先生來店裡看手機，很多當班的櫃檯業務員都主動跟他打招呼，熱情地詢問對方需要什麼樣的手機。每一次被詢問，這位先生都只是說自己隨便看看，到每個櫃檯前都是匆匆地瀏覽一下就迅速離開了。面對這許多業務員的熱情詢問，這位先生顯得有些窘迫，臉漲得通紅，轉了兩圈，覺得沒有適合自己的手機，就準備離開了。

這時王建根據經驗，判斷出該客戶是一個比較內向靦腆的人，並且根據觀察，王建斷定客戶心中肯定已經確定了某一品牌的手機，只是由於款式或者價格等原因，或者是由於被剛才

對內向沉默型客戶要溫柔誠懇

那些業務員的輪番「轟炸」,有些不知所措而一時失去了主意。

於是,王建很友好地把客戶請到自己的櫃檯前,他溫和地說:「先生,您是不是看上某款手機,但覺得價格方面不是很合適,如果您喜歡,價格可以給您適當的優惠,先到這邊來坐吧,這邊比較安靜,我們再聊聊!」客戶果然很順從,王建請他坐下,與他聊起天來。

王建開始並沒有直接銷售手機,而是用閒聊的方式說起自己曾經買手機,因為不善言辭而出醜的事。他說自己是個比較內向的人,做推銷這幾年變化挺大。與客戶聊了一些這樣的話題以後,客戶顯然對他產生了一定的信任感,於是在不知不覺中主動向王建透露了自己的真實想法。

王建適時地向他推薦了一款適當的機型,並且在價格上也做出了一定的讓步,給客戶一定的優惠,同時王建還留了自己的電話給客戶,保證手機品質沒有問題。最後,客戶終於放心地購買了自己想要的手機。

其實內向型客戶並不是真的冷若冰霜、難以溝通,他們往往用冷漠來保護自己,卻擁有一顆火熱的心。只要他透過自己的判斷覺得你比較誠懇,他一定也會表達出善意,而雙方越熟悉,他就越會信任你,甚至依賴你。對於缺乏判斷力的內向型客戶來說,只要他信任你,他甚至會讓你替他做決定。而且如果他對你的產品感到滿意,他就會變成你的忠誠客戶,一次次向你購買。因此,利用溫柔攻勢及切實為客戶著想,從而獲取客戶的信任是面對內向型客戶的致勝法寶。

第三章　對症下藥，找到各類客戶心理突破口

讓態度隨和型客戶消除疑慮

想一想，在生活中，你最喜歡與什麼樣的人來往？作為業務人員，你最喜歡與什麼類型的客戶打交道？在這兩個問題的回答中，「隨和型」占了大多數。可是，你真的了解隨和型客戶的特點嗎？

隨和型的客戶性格溫和、態度友善，面對向他介紹或者推銷產品的業務員時，他們往往會比較配合，不會讓人難堪。即使產品他們並不需要或並不能達到他們的要求，他們也會容忍地等待業務人員介紹完，因為他們喜歡規避衝突和不愉快。

在規避衝突的同時，隨和型客戶也迴避著壓力，他們不喜歡被施加壓力的感覺，對壓力本能地排斥，甚至恐懼。隨和型的客戶最大的缺點就是做事缺乏主見，比較消極被動，在購買時總是猶豫不決，很難做出決定。而此時業務員如果能夠適當對其施加壓力，就會迫使他們做出選擇。業務員若能利用這一點，就會很快促進交易的達成。當然一定要注意施加壓力的方式和尺度，比如業務員可以以專業自信的言談給客戶積極誠懇的建議，並多多使用肯定性的語言加以鼓勵，促使客戶盡快做出決定。

讓態度隨和型客戶消除疑慮

在一家電腦專賣店,走進來一位姓張的顧客,導購員劉芳看到顧客進門,忙走過去向其介紹起一款品牌筆記型電腦,言辭急切,勸說張先生盡快購買。張先生雖然點頭稱是,並微笑著傾聽劉芳的介紹,卻並沒有購買的意思。

這時另一名導購王剛經過對他們的觀察,發現張先生是一個比較隨和的人,卻缺乏主見,拿不定主意。而劉芳急於推銷,顯然已經有些讓客戶不舒服,激起了張先生的反向心理,對劉芳表示出不信任,所以即使她再苦口婆心地勸說,張先生也是不會購買的。

於是王剛走上前來,禮貌溫和地說:「張先生,既然您暫時決定不了,不如我帶您看看其他品牌的電腦,您可以對比一下,想好之後再做決定。」

張先生很高興地同意了。王剛耐心地帶他看了七八款筆記型電腦,並認真地介紹各款產品的特點。在他選出兩種之後,又幫他做了詳細的對比分析,最終張先生拿定主意,買了他中意的那款。鑑於王剛專業而周到的服務,張先生表示對他很信任,在這次購買電腦之後,又多次前來光顧。

場景中的業務員王剛就是摸清楚了客戶的心理,並根據客戶的性格特點,對其做了積極的引導,最終促成了交易,並在今後依然得到客戶的信任。隨和型的客戶表面上看似溫和、性子慢、有耐心,但是其內心也是十分固執的,業務員急於把商品推銷給他,死纏爛打,拚命將產品往客戶懷裡推,會讓客戶非常不舒服並且產生懷疑,業務員越熱情,客

戶就越抗拒。雖然隨和型客戶不會大發脾氣，奪門而走，卻會堅持抗拒到底。

對於隨和型的客戶，狂**轟**濫炸起不了作用，反而容易引起客戶的反感，因為隨和型的客戶雖然害怕受到壓力，卻不喜歡受到別人的強迫。說服這樣的客戶最好的辦法就是消除客戶的疑慮，用真誠來向客戶製造壓力，攻破客戶的心理防線，使客戶沒有拒絕的理由，最終水到渠成地促成交易。

對虛榮型客戶要讚美恭維

你有沒有發現，人們總是喜歡與有名氣的親戚和朋友套近乎；辦什麼事都喜歡講排場、擺闊氣，即使身上沒錢，也要打腫臉充胖子；熱衷於時尚服裝飾物，對時尚的流行產品比較敏感；不懂裝懂，害怕別人說自己無知；當受到別人的表揚和誇讚時，沾沾自喜，洋洋得意，自我感覺良好⋯⋯在現實生活中，這樣的人和事為什麼如此常見？

虛榮之心，人皆有之，唯一的不同，便是程度的高低。

每個人都有虛榮心，愛慕虛榮是一種非常普遍的心理現象。從心理學的角度分析，人們愛面子、好虛榮其實都是一種深層的心理需求的反應。因為在社會生活中，人們不僅要滿足基本的生存需求，更要滿足各種心理上的需求。尤其是隨著社會的發展，物質生活得到很大的改善後，人們更需要精神上的滿足，比如得到別人的尊重和認可、關心和愛護，得到讚美，在交往中展現自身的價值等。虛榮心就是為了得到這些心理滿足而產生的。

我們所說的虛榮的人往往是虛榮心比較強的那一部分人。在消費中，虛榮型客戶的虛榮心理也會表現得非常明

第三章　對症下藥，找到各類客戶心理突破口

顯。雖然家庭經濟條件不是很寬裕，但是在購買商品時也要選擇比較高級的，在業務員面前要盡量表現得很富有，不許別人說自己沒錢、買不起，如果別人對其表示出輕視的態度，其自尊心就會受到很大傷害，諸如此類的現象還有很多。

小肖是一家時裝店的店員。這天，一位打扮雍容華貴的女士走進店裡，在店裡轉了兩圈後，在高級套裝區停了下來。小肖連忙走過來招呼她，禮貌地介紹：「小姐，這套服裝既時尚又高雅，如果穿在您這樣有氣質的女士身上，會讓您更加高貴優雅。」女士點點頭，表示同意。小肖見她很高興，對這套衣服也十分滿意，便又說道：「這套衣服品質非常好，相對來說，價格也比較便宜，其他的服裝要貴一些，但是又不見得適合您，您覺得怎麼樣，可以的話我馬上幫您包起來？」

小肖心想：品質很好，價格又便宜，她肯定會馬上購買。但是該女士的反應卻出乎意料，聽完小肖的話後，那位女士立刻變了臉色，把衣服丟給小肖就要走，實在忍不住又回頭對小肖說：「什麼叫做這件便宜？什麼又是貴一點的不適合我？你當我沒錢買不起是不是？告訴你，我有的是錢，真是豈有此理，太瞧不起人了，走了，不買了！」儘管小肖不停地道歉，那位女士依然很生氣地離開了。

好好的一筆生意，被她後來加的一句話給搞砸了。我們當然能看出，那位女士之所以那麼氣憤，是因為她比較愛慕虛榮，害怕別人說自己沒錢，害怕被別人看不起，對「便宜」

對虛榮型客戶要讚美恭維

這個詞比較敏感。一般而言，客戶購買商品往往會追求實惠和便宜，我們普遍認為「物美價廉」是很多客戶的最佳選擇。但對於一些虛榮型客戶，如果業務人員向他們傳達商品便宜、實惠的資訊，會無意中刺傷他們的虛榮心，反而讓他們拒絕購買。

對付虛榮型的客戶，絕對不能傷害他的面子。相反的，要使用一些小技巧。比如說，我們可以多誇誇他，最好是誇他有錢或者闊氣，這樣的話他就會更願意花大把的「銀子」在你的產品上。

我們看一下下面這位業務員，他就非常懂得使用抬高客戶地位，滿足客戶虛榮心的小技巧。

在一家法國商店，一對外國夫婦對一個標價萬元的翡翠手鐲很感興趣，但由於價格太貴而猶豫不決。業務員見此情景，主動介紹說：「有個國家的總統夫人也曾對它愛不釋手，但因價錢太貴所以沒買。」這對夫婦聞聽此言，一種好勝心理油然而生，反而激發起購買欲，當即掏錢買下，感覺自己比總統夫人還富有。業務員就說了「有個國家的總統夫人也曾對它愛不釋手，因價錢太貴所以沒買」這一句話，就以一句抵一萬句的效果讓客戶的虛榮心得到了極大的滿足，進而在虛榮心的驅使下花大價錢買下了手鐲。

這位業務員非常明白，虛榮型的客戶就是愛在別人面前好面子、講排場，其目的就是為了得到讚美和恭維，讓其尊

第三章　對症下藥，找到各類客戶心理突破口

重和重視自己，這樣的話，他們就會因心理需求得到滿足而心情愉悅，從而自我感覺良好。當他們的自尊心、虛榮心得到滿足的時候，就會風風光光地把東西買走。

這招對大多數人都很靈，因為大多數人多少都有點虛榮心理。更讓人不可思議的是，越是那些聰明人、特別是所謂的菁英人士更容易被這個甜美、充滿不經意誘惑的技巧所吸引。原因很簡單，那些所謂的菁英人士由於從小到大從未品嘗過失敗的滋味，所以對自己的能力太過於信任，堅信自己的確是如此優秀，他們會覺得你誇他是理所當然的，很少會懷疑你的誇獎是帶有水分的。

還有一個原因就是這些人大多有出人頭地的欲望並且通常自尊心較強。如果突然聽到對方說：「這筆交易只有您這樣優秀的人才能勝任」、「這麼高階的商品也只有您這樣身分的人才配得上」……菁英們的虛榮心就會開始作祟，不知不覺進入了我們的計謀當中。

對理性型客戶要積極肯定

有些客戶是偏重於理性思考的,這種人的好奇心非常強,喜歡收集各方面的資訊,提出的問題也會比其他類型的購買者多。其實,業務人員在接通電話後,可以透過下面的一些方法辨識這種類型的客戶,比如:他們最常說的話是「怎麼樣?」、「它的原理是什麼?」、「怎麼維修?」、「透過什麼方式送貨給我啊?」等,甚至有時候他們也會問「你多大了?」、「接待的顧客都是什麼樣的?」、「你做這一行多長時間了?」等等。

他們邏輯性強,好奇心重,遇事喜歡刨根問底,還願意表達自己的看法。作為一名業務人員,要善於利用這些特點,在銷售過程中多認可他們的觀點。

因為,對於此類客戶,在談話時,即使是他的一個小小的優點,如果能得到肯定,客戶也會非常高興,同時對肯定他的人必然產生好感。因此,在談話中,一定要用心地去找對方的優點,並加以積極的肯定和讚美,這是獲得對方好感的一大絕招。比如對方說「我們現在確實比較忙」,你可以回答:「您坐在這樣的管理位子上,肯定很辛苦。」

第三章　對症下藥，找到各類客戶心理突破口

　　常用的表示肯定的詞語還有「是的」、「不錯」、「我贊同」、「很好」、「非常好」、「很對」……放到語境當中，比如：「是的，張經理您說得非常好！」、「不錯，我也有同感。」這一過程中，切忌用「真的嗎」、「是嗎」等一些表示懷疑的詞語。

　　業務人員小劉上次電話拜訪張經理向他推薦Ａ產品，張經理只是說「考慮考慮」就把他打發走了。小劉是個不肯輕易放棄的人，在做了充分的準備之後，再一次打電話拜訪張經理。　小劉：「張經理，您好！昨天我去了Ｂ公司，他們的Ａ產品系統已經正常執行了，他們準備裁掉一些人以節省費用。」（引起話題──與自己推銷業務有關的話題）

　　張經理：「不瞞老弟說，我們公司去年就想上Ａ產品系統了，可是經過考察發現，很多企業上Ａ產品系統錢花了不少，效果卻不好。」（客戶主動提出對這件事的想法──正中下懷）

　　小劉：「真是在商言商，張經理這話一點都不錯，進行一個專案就得謹慎，大把的銀子花出去，一定得見到效益才行。只有投入沒有產出，傻瓜才會做那樣的事情。不知張經理研究過沒有，他們為什麼失敗了？」

　　張經理：「Ａ系統也好，Ｓ系統也好，都只是一個提高效率的工具，如果這個工具太先進了，不適合自己企業使用，怎能不失敗呢。」（了解到客戶的問題）

　　小劉：「精闢極了！其實就是這樣，超前半步就是成功，

對理性型客戶要積極肯定

您要是超前一步那就成先烈了,所以企業資訊化絕對不能『大躍進』。但是話又說回來了,如果給關公一把機關槍,他的戰鬥力肯定會提高很多倍的,您說對不對?」(再一次強調A系統的好處,為下面推銷做基礎)

小劉:「費用您不用擔心,這種投入是逐漸追加的。您看這樣好不好,您定一個時間,把各部門的負責人都請來,讓我們的售前工程師向大家培訓一下相關知識。這樣您也可以了解一下您的部下都在想什麼,做一個摸底,您看如何?」(提出下一步的解決方案)

張經理:「就這麼定了,週三下午兩點,讓你們的工程師過來吧。」

作為業務員的小劉,雖然再次拜訪張經理的目的還是推銷他的A產品系統,但是他卻從效益這一關心的話題開始談起,一開始就吸引了張經理的注意力。在談話進行中,小劉不斷地對張經理的見解表示肯定和讚揚,認同他的感受,從心理上贏得了客戶的好感。談話雖然只進行到這裡,但我們可以肯定地說,小劉已經拿到了通行證,這張訂單已盡收囊中。

所以,在同理性的客戶談判時,就要先從你的產品如何幫助他們,對他們有哪些好處談起,盡快引起他們的興趣,但是也不要把所有的好處都亮出來。同時,在談判中要善於運用他們的邏輯性與判斷力強的優點,不斷肯定他們,這樣才會取得銷售的良好效果。

第三章 對症下藥，找到各類客戶心理突破口

對挑剔分析型客戶要在細節取勝

業務員：「美女您好！這是我們最新推出的夏季套裝，面料舒服，做工精良。要是您喜歡，我來找找適合您的尺寸，您試試？」

顧客：「我已經有了一件類似的衣服了，不用出件新品就買吧？」

業務員：「小姐，我們這件衣服，是限量發行的，您買了是有紀念意義的。而且您氣質這麼好，和這件衣服簡直太搭了。這件衣服穿在您身上，變得更美麗動人了。」

顧客：「是我了解我的需求，還是你了解，你以為自己是誰呀？」

業務員：「我不是這個意思。我就是覺得只有您穿上這件衣服，才可以顯得這件衣服更高貴。更何況您已經挑了一上午了呀。」

顧客：「行了行了，你們這些賣衣服的，除了能添亂還能幹什麼，月月出新款，月月做推銷，煩不煩啊？沒見我正在選嗎？總要買 CP 值最高的嘛！」

業務員：「……」

場景中的這位顧客表面上看是一位對產品不感興趣的顧客，但透過後面的對話可以看出她對廠商和產品不能滿足顧

對挑剔分析型客戶要在細節取勝

客最終需求的不滿意,她其實是一位分析型的顧客。分析型客戶關注的就是細節,不進行一番比較分析,他們絕不輕易做出決定。

相對於那些看上了就買,拿起來就走的爽快客戶,分析型的客戶則顯得拖拖拉拉,甚至婆婆媽媽。買東西左比右比,左挑右選,確定沒有任何問題之後才會購買,疑心重、愛挑剔、喜歡分析是這類客戶消費時最大的特點。

就如同財會工作者,分析型的客戶做事非常嚴謹,在做決定前一定要經過仔細分析。他們注重事實和數據,追求準確度和真實度,更重要的是,他們關注細節,認為細節與品質之間可以畫等號。如果業務員與分析型客戶約定面談,一定要清楚他們要求的時間是很精確的,在他們的腦海中從來不會有模糊的時間概念,他們從不說「午飯之前」這樣的模糊概念,而是說「10 點 30 分到」。所以,對於產品的數量和價格,分析型客戶的要求也往往比較精確,他們不接受模稜兩可的概念。

分析型客戶非常注重細節,他們比較理智,更相信自己的判斷,不會因為一時性起就決定買或不買,往往是進行了詳實的數據分析和論證之後,他們才會做出決定。因此,在選購商品時,分析型的客戶總會慢條斯理,表現得十分謹慎和理智。

第三章　對症下藥，找到各類客戶心理突破口

業務員有時候會被分析型客戶的挑剔弄得不知所措。實際上，只要我們掌握應對這類客戶的技巧，他們也不是那麼難搞定。當我們遇到分析型的客戶時，所設計的技巧一定要與分析型客戶的特點相吻合。與外向型客戶的害怕「嘮叨」不同，分析型客戶喜歡聽業務員的「嘮叨」，他們會從業務員介紹的細節中獲取有效的資訊，以做分析判斷。如果業務員過於大意，粗枝大葉、含含糊糊、條理不清、言語不準，就無法贏得分析型客戶的信任，甚至還會引起客戶的厭煩。我們對比一下下面這些銷售場景就知道了：

客戶挑剔：你們的品牌也算高級，為什麼做工還不是很好呢？你看這邊居然還有線頭！

錯誤回答：這是正常的。（言語不準）

錯誤回答：這種小問題是難免的。（欲蓋彌彰）

錯誤回答：哦，這要剪掉就好了，沒事的，不影響！（含含糊糊，想矇混過關）

錯誤回答：現在的衣服都這樣，這算是普遍現象了，處理一下就好了。（為自己的服裝不好找藉口）

正確回答：謝謝您告訴我這個狀況，我會馬上跟公司反映，立即做出調整，真是謝謝您。來，我幫您換一件讓您試穿，這邊請……（承認事實，並立即給出解決方案）

正確回答：哎呀！沒關係，我來處理一下，我先拿另外一件新的讓您試穿看看，這邊請……（勇於承擔責任，立即對問題進行解決）

面對最挑剔的分析型客戶，我們不能莽撞地採取「對抗」的方式，而應該婉轉地採用心理學技巧，巧妙地將分析型客戶耿耿於懷的不滿之處轉移出去。在與分析型客戶接觸時，一定要留給他一個好的印象，說話不誇張、不撒謊，也不強迫他購買，因為這樣的客戶往往很有主見，並且追求完美，有著自己的行為信條，不願意受人左右。我們可以仔細詢問客戶的需求，並想辦法盡量滿足，運用細節的力量超出客戶的期望。

總之，分析型的客戶考慮事情比較周全，所以業務員就應該做到更加周全，只要能在細節上讓客戶心服口服，交易自然就會成功。

第三章　對症下藥，找到各類客戶心理突破口

對以自我為中心型客戶要迎合滿足

每個人都有自尊，並且渴望得到別人的尊重。有這樣一個例子：

張總是一家公司的老闆，公司的業績蒸蒸日上，前途一片光明，而他在享受事業發展的同時，卻意外發現一個一起長大的朋友正在逐漸疏遠他。這位朋友和他一樣，當年一起從美院畢業後，也始終在裝飾行業發展，只不過現在自己成了老闆，而朋友依然只是一名不起眼的設計師。

張總不願意眼睜睜地看著這個朋友疏遠自己。他誠懇地邀請朋友全權負責自己公司新接的一個大專案的設計工作，這位朋友接受了張總的請求，認真工作，還提出了一些中肯的意見，把設計好的圖紙給他看。就這樣，從那天起，他們的交情又如往日一般了。在銷售行為中，顧客是上帝，客戶的自尊心會表現得更加突出。以自我為中心型的客戶都有強烈的自尊心，所以在和他們談判時，要先迎合他們的自尊心。等他們的自尊心被滿足後，再和他們談別的問題就容易多了。

以自我為中心型的客戶對自己認定的目標感興趣，而不會對大多數電話銷售產品的介紹感興趣。你可以根據下面的一些特徵來辨識這類購買者：

對以自我為中心型客戶要迎合滿足

- 他們會和你談論他們自己以及他們的需求。
- 一開始他們也許拒絕和你談話。如果他們告訴你拒絕的原因,也很可能是態度生硬。
- 他們不會認真聽你說。他們不在乎你說些什麼,除非你說的與他們的計畫相一致。
- 他們不會承諾購買你的產品。在此之前他們需要相信購買的決定是自己做的,而且他們開出的條件得到了滿足。

對於這種以自我為中心型的客戶,在推銷時就先肯定他們的觀點,以迎合其自尊心,等到他們的自尊心被滿足以後,再利用以下的幾個小竅門來激發他們對產品的好奇心與需求。另外,你還可以採取下面的辦法來和他們談判:

- 利用他們獨特的需求與希望,向他們提一些與他們的需求相關的問題,不過你一定要心中有數,透過提問來強化他們的目標,從而達到你的目的。
- 不要說無關緊要的話,也不要問一些無足輕重的問題。要切題 —— 他們關心的問題。
- 他們講話的時候盡量不要插話,盡可能地聽他們說。
- 盡可能激發他們考慮自己的需求。

第三章　對症下藥，找到各類客戶心理突破口

第四章
業務人員必知的心理學效應，讓你「知其所以然」

第四章 業務人員必知的心理學效應，讓你「知其所以然」

初始效應：塑造打動人心的第一印象

西方有句諺語：「你沒有第二個機會留下美好的第一印象。」愛默生曾經說：「你說得太大聲了，以至於我根本聽不見你在說什麼。」換句話說，你的外表、聲音和話語、風度、態度和舉止所傳達的印象有助於使準客戶在心目中勾勒出一幅反映你的本質性格的畫面。

當你出現在你的準客戶面前時，他們看到的是一個什麼類型的人呢？他們在剎那間捕捉了一系列你的影像或快照，然後，他們將其中最重要的一些儲存進自己的意識中。

有些人認為，在面談的頭 10 秒鐘內就決定了它會完成還是將破裂。可能真是這樣，我們確實根據在與一個人見面的頭幾秒鐘內所得到的印象，快速做出對他的判斷。如果這些判斷是不利的，那麼所有的銷售都不得不首先改善這位專業推銷人員在準客戶心中留下的糟糕印象。另一方面，一個有利的印象肯定可以幫助完成銷售，而且也不需要硬著頭皮、費力地抗爭準客戶心中對你形成的不利的第一印象。

內布拉斯加州一位經驗豐富的經理說：

「有一天，一個人來拜訪我。他穿得就像一部老劇中的角

色。他很認真地進行銷售介紹,但我老是分心。我看著他的鞋子、他的褲子,然後再把目光掃過他的襯衫和領帶。大部分時間裡我都在想,如果這位專業推銷人員說的都是真的,那他為什麼穿得如此落魄呢?

他告訴我他手中有很多訂單,他有許多客戶,他們也購買了大量的這種產品。但他的個人外表致命地顯示他說的話不是真的。我最後沒有購買,因為我對他的陳述沒有信心。」

專業推銷人員必須給客戶創造出一種好印象,比如成功的外觀、成功的談吐和成功的姿態。這些都是具有大意義的小事情——它們都有助於將銷售面談成功地進行下去。

一個人的外貌對於他本身有著很重大的影響,穿著得體就會給予人良好的印象,它等於是在告訴大家:「這是一個重要的人物,聰明、成功、可靠。大家可以尊敬、仰慕、信賴他。他自重,我們也應該尊重他。」只有在對方認同你並接受你的時候,你才能順利進入對方的世界,並遊刃有餘地與對方交流,從而把事情辦成,而這一切的獲得在相當程度上與你的外在打扮有關。

大凡讓對方留下了好印象的人都善於交往,善於合作。而一個人的儀表是給對方留下好印象的基本要素之一。試想,一個衣冠不整、邋邋遢遢的人和一個裝束典雅、整潔俐落的人在其他條件差不多的情況下,一起去辦同樣分量的事

第四章　業務人員必知的心理學效應，讓你「知其所以然」

情，恐怕前者很可能受到冷落，而後者更容易得到善待。特別是到陌生的地方辦事，怎樣給別人留下美好的第一印象更為重要。世上早有「人靠衣裝馬靠鞍」之說，一個人若有一套好衣服配著，彷彿把自己的身價都提高了一個等級，而且在心理上和氣氛上增強了自己的信心。聰明的人切莫怪世人「以貌取人」，人皆有眼，人皆有貌，衣貌出眾者，誰不另眼相看呢？著裝藝術不僅給予人好感，同時還直接反映出一個人的修養、氣質與情操，它往往能在尚未認識你或你的才華之前，向別人透露出你是何種人物，因此在這方面稍下一點功夫，就會事半功倍。

衣冠不整、蓬頭垢面讓人聯想到失敗者的形象，而完美無缺的修飾和宜人的體味，能使你的形象大大提高。有些人從來沒有真正養成過一個良好的自我保養的習慣，這可能是由於不修邊幅的學生時代留下的後遺症，或者父母的率先垂範不好，或者他們對自己的重視不夠造成的。這些人往往「三天打魚兩天晒網」，只要基本上還算乾淨，不會有人瞧不起，能出門便完事了。如果你開始注重自己的形象，良好的修飾習慣很快就能形成。如果你天生是落腮鬍，但至少你要給人一種你能打點好自己的印象，牙齒、皮膚、頭髮、指甲的狀況和你的儀態都表明你的自尊程度。

別人對你的第一印象，往往是從服飾和儀表上得來的，

因為衣著往往可以表現一個人的身分和個性。畢竟,要對方了解你的內在美,需要長久的過程,只有儀表能一目了然。

　　事情辦得順利與否,第一印象至關重要,不講究儀表就是自己給自己打了折扣,自己給自己設定了成功的障礙,不講究儀表就是人為地給要辦的事情增加了難度。

第四章　業務人員必知的心理學效應，讓你「知其所以然」

登門檻效應：切勿直接提出銷售目的

張女士在談到自己的丈夫時，這樣說道：

「我丈夫以前是大男子主義的奉行者，什麼『男主外，女主內』、『君子遠庖廚』的觀念根深蒂固，凡是家事一概不動手。

因此，任憑我下班後忙進忙出，既要忙著淘米下鍋準備晚餐，又要趁著空檔去做一些非做不可的瑣碎事。而他，視若無睹，老太爺似的躺在沙發裡，看報、打瞌睡，好不逍遙！偶爾還會扯著喉嚨叫妳動作快點、他餓壞了等等。這情景，看在眼裡，肚子裡一股怒氣直往上冒。

後來我想了一個對策。一天早上，他要出門上班時，我告訴他：『晚上你都比我早回家，麻煩你幫我把電鍋的開關按下，好不好？剛才我已經把米洗好放在電飯鍋裡了，只要你回來，按一下開關就好。』不知道他到底聽進去了沒有，但是那天下班後，果真電飯鍋的飯已煮好。

嗯！好的開始是成功的一半。於是信心大增，急忙趨前向他道謝一番。這樣連續了幾天，每天我回到家裡，總是看到電飯鍋已冒著熱氣。每次，我總要向他說些感激的話。諸如：『要不是你早些煮，我們恐怕很晚才有飯吃』、『要不是你肯幫忙，我又忙得一點胃口也沒有了』或是『謝謝你幫我忙，

登門檻效應：切勿直接提出銷售目的

所以我今天準備了一道特別好吃的菜』等等。

後來有一天，我故意把米淘洗好，放在電飯鍋旁。下班後，剛進門，先生劈頭就說：『妳怎麼忘了把米放進電飯鍋裡？』我偷瞄了一下電飯鍋，只見電飯鍋已滴滴嘟嘟地冒水氣了，暗中高興一番。然後轉頭向他認錯，道謝。

此後我索性把米量好，放在水槽邊，等他回來洗米下鍋，倒也沒聽他提出抗議。這樣實行了一段時日，我放膽進行下一步動作。

一天，我又匆匆出門，忘了把該做的量米工作做妥。結果，下班後，只見先生特地提醒我：『妳今天一定忘了量米吧！我已經幫妳把飯煮好了！』言下之意，好似幫了天大的忙，我又是忸怩又是驚喜地（裝的）說了一些感激的話。說也奇怪，從此以後，淘米下鍋的工作自動落在他身上了。

此一大功告成之後，我又如法炮製，進行其他項目。總算運氣好，沒讓他看出破綻。如此，不但自動洗米下鍋，有時連一些家常事他都會做好，等我回家共同品嘗呢！昨晚，李太太來我家，看見先生正忙著拖地板，羨慕道：『妳真有福氣，先生還肯幫妳做家事，好體貼！』我順水推舟地說：『是啊！當時要不是看上這點，才不肯嫁他呢！』轉眼瞧見丈夫一臉陶醉的模樣，叫我又好笑又愛憐，其實，他哪裡知道我的祕密！」

登門檻效應是美國社會心理學家弗里德曼與弗雷瑟於1966年在做無壓力屈從登門檻技術的現場實驗中提出的，是

第四章　業務人員必知的心理學效應，讓你「知其所以然」

指一個人一旦接受了他人的一個微不足道的要求，為了避免認知上的不協調，或想給他人以前後一致的印象，就容易接受更高階的要求。故事中的張女士就是運用的這個效應讓丈夫由不做家事到最後樂於做家事。

登門檻效應啟示我們，應當採用循序漸進的方法，對他人的心理承受能力認真加以分析、考慮，不能一下子向別人提出過高的要求，否則會欲速不達，事倍功半。

在說服別人時，我們可以採用這個心理效應。說服一個人的原因是因為你和他的目標有差距。如果差距不大，直接說明理由，還是可以達到說服目的的。但是如果這個差距很大，你直接開口，只會遭到強烈的牴觸，再想轉圜，難度就大了。這時採用登門檻效應對你的說服很有利。

比如在管理工作中，為了有利於調動成員實現目標的積極性，應該將總目標或綜合目標分解成若干個經過成員努力可以實現的子目標。而一旦實現了子目標，邁過了第一道「門檻」，透過積極引導，使成員體會到成功的快樂，然後逐步提高目標層次，成員便能最終達到預期目標。

同樣，在銷售過程中，一個推銷人員直接提出銷售目的的時候，很容易遭到別人的牴觸，那麼，如果他一開始只是說想走進屋子喝口水，這個要求相比較就讓別人容易接受的多，進了屋子後，再提出其他要求，就有可能不會遭到拒絕了。

關懷效應：真誠關心每一個客戶

關心你的客戶，重視你身邊的每一個人，不以貌取人，平等對待你的客戶，是成功業務員的選擇。這也是原一平邁向推銷之神的第三步。

著名心理學家佛洛姆說：「為了世界上許多傷天害理的事，我們每一個人的心靈都包紮了繃帶。所有的問題都能用關心來解決。」這句話為關心下了一個最好的注腳。原一平對此深有體會，在一次講學時，他講了下面一個故事：

有一個殺人犯，被判無期徒刑，關在監獄裡。因為他被判無期，而且無父母、妻子、兒女，既無人探監也無任何希望，在獄中獨來獨往，不與任何人打招呼。再加上他健壯又凶惡，也沒有人敢惹他。

有一天，一個神父帶了糖果與香菸來獄中慰問犯人。神父碰見那位無期徒刑犯，遞給他一根香菸，犯人毫不理睬。神父每週來慰問，每次都給他香菸，殺人犯無反應，如此延續了半年後，犯人才接下香菸，不過還是面無表情。

一年後，有一次神父除了帶糖果與香菸，另外帶了一箱可樂。抵達監獄後，神父才發現忘了帶開瓶器，正在一籌莫展時，那個犯人出現了。他知道神父的困難後，笑著對神父

第四章　業務人員必知的心理學效應，讓你「知其所以然」

說：「一切看我的。」接著，就用他銳利的牙齒把一箱的可樂都開啟了。

從那一次後，犯人不但跟神父有說有笑，而且神父在慰問犯人時，他自動隨侍於左右，以保護神父。這個故事告訴我們：真誠的關心可感化一切，就是一個毫無希望的無期徒刑犯，照樣會被它所感動。一個不幸的人，一旦發覺有人關心他，往往能以加倍的關心回報對方。

戴爾・卡內基說：「時時真誠地去關心別人，你在兩個月內所交到的朋友，遠比只想別人來關心他的人在兩年內所交的朋友還多。」那些不關心別人，只盼望別人來關心自己的人，應時刻拿這句話告誡自己。

某汽車公司的業務員聽完原一平的講座後，每次在成交之後，客戶取貨之前，通常都要花上 3～5 個小時詳盡地演示汽車的操作。這個業務員這樣說：「我曾看見有些業務員只是遞給新客戶一本使用者手冊說：『拿去自己看看。』在我所遇見的人中，很少有人能夠僅靠一本手冊就能搞懂如何操作一輛這樣的車子。我們希望客戶能最大限度地滿意我們的關心，因為我們不僅期望他們自己回頭再買，而且期望他們介紹一些朋友來買車。一位優秀的業務員會對客戶說：『我的電話全天 24 小時都歡迎您撥打，如果有什麼問題，請打電話到我的辦公室或家裡，我隨時恭候。』我們都精通自己的產品知識，一旦客戶有問題，他們一般透過電話就能解決，實在

不行,還可以聯絡別人幫忙。」

原一平說:「你應當記住:關心,關心,再關心。你要做到的是:為你的客戶提供最多的優質的關心,以至於他們對想一想與別人合作都會感到內疚不已!成功的推銷生涯正是建立在這類關心的基礎上。」

第四章　業務人員必知的心理學效應，讓你「知其所以然」

羊群效應：客戶都喜歡隨波逐流

　　動物中常常存在這樣一種現象：大量的羊群總是傾向於朝同一個方向走動，單隻的羊也習慣於加入羊群隊伍並隨著其運動的方向而運動。這一現象被動物學家稱作「羊群效應」。心理學家發現，在人類社會中，也存在著這樣一種羊群效應。

　　心理學家通常把「羊群效應」解釋為人們的「從眾心理」。「從眾」，指個人受到外界人群行為的影響，而在自己的知覺、判斷、認識上表現出符合於公眾輿論或多數人的行為方式。每個生活在社會中的人都在設法尋求著「群體趨同」的安全感，因而也會或多或少地受到周圍人傾向或態度的影響。大多數情況下，我們認為，多數人的意見往往是對的。

　　顧客「從眾心理」的存在給了商家行銷的機會。最典型的就是廣告效應，商家透過廣告投放不斷地向消費者傳遞諸如「××明星也用我們的產品」、「今年的潮流是我們引領的」或者是更直白的「送禮只送×××」之類的廣告資訊，讓消費者覺得所有人都在用我們的產品──你當然也不能例外。

　　客戶在其消費過程中，如果對自身的購買決策沒有把握

羊群效應：客戶都喜歡隨波逐流

時，會習慣性地參照周圍人的意見。透過了解他人的某種定向趨勢，為自己帶來決策的安全感，認為自己的決策可以避免他人的失敗教訓，從他人的成功經驗中獲益。

讓客戶感覺到他「周圍的每個人」都存在某種趨勢是銷售中一個非常有效的技巧。「羊群理論」為我們帶來的就是這樣一種全新的說服技巧。業務員在與客戶交流的過程中應當設法讓客戶了解他周圍的人都存在著某種趨勢，並詢問客戶：「你知道這是為什麼嗎？」從而有效地利用「群體趨同」產生的能量建立自己的可信度。

另外，「羊群理論」還被證明能夠有效地激起客戶的好奇心，促使他們想要知道更多——如果聽說你的產品或服務在市場上產生了極大的影響，客戶怎麼會不想了解詳情呢？

著有《提問銷售法》的湯瑪斯・佛里斯可以說是將「羊群理論」在銷售中運用得得心應手的前輩和典範。

1990年，時任kW公司堪薩斯城地區業務經理的湯瑪斯・佛里斯需要創辦一場關於公司CASE工具的研討會。在嘗試各種傳統的拜訪流程受阻後，佛里斯想到了「羊群理論」：如果大部分客戶都傾向於kW公司的CASE工具，其他客戶一定也會想要了解究竟。

於是佛里斯改變了策略，他不再乞求客戶參加會議，而是讓他們知道其他人都會去，並希望他們不會被遺漏在外。

第四章　業務人員必知的心理學效應，讓你「知其所以然」

佛里斯與客戶這樣說道：

「您好，客戶先生。我叫湯瑪斯・佛里斯，是 kW 公司在堪薩斯城的地區經理。很榮幸通知您，我公司將在 8 月 26 日在 IBM 的地區總部召開 CASE 應用程式開發研討會，還記得我們向您發過的請柬嗎？

這次出席我們的研討會的有百事可樂公司、美國運通公司、萬事達公司、聯邦儲備銀行、堪薩斯城電力公司、西北壽險公司等公司的研發經理。當然，這些只是名單中的一小部分。坦率地說，我想這次會議的參加人數可能是破紀錄的，將會超過 100 人。我打這通電話是因為我們還沒有收到貴公司的同意回覆函，我需要確定您不會被遺漏在外。」

毫無意外，佛里斯的這次研討會最終的確取得了「破紀錄」的成功。雖然大多數同意前來的客戶都是因為「其他人」也會來，但事實上，當他們來的時候，「其他人」也的確都來了。

在我們的銷售過程中，「羊群理論」是一個非常有力的技巧，它可以幫助你建立信用度，同時激發客戶的興趣。當你對你的客戶說「我只是想確定你不會被遺漏在外」的時候，他一定會好奇自己可能錯過什麼東西，並且會主動詢問進一步的情況。這就是「羊群理論」的微妙之處，他提供給客戶心理上的安全感，並促使他們做出最後決策。

我們應當理解，顧客在對於可能發生的交易有可能存在

顧慮，尤其是做出重大決定的時候更是如此。而這正是「羊群理論」的價值所在，你因此能夠透過激發客戶的好奇心，處理異議，告訴客戶為什麼你的產品或服務是最好的。還有就是當潛在客戶有購買的意願，但嫌價格貴時，這種方法也非常有效。

業務員：「是劉總啊，您好，您好！」

客戶：「小汪哪，我上次看中的那輛NISSAN，還沒有誰付下訂金吧？」

業務員：「哦，那個車，客戶來了都要看上幾眼，好車嘛。但一般人哪買得起，這不，它還等著劉總您呢！」

客戶：「我確實中意這輛車，你看價格上能否再優惠些，或者我是否有必要換一輛價位低一點的？」

（小汪知道，換車，只是劉總討價還價的潛臺詞。）

業務員：「價格是高了一點，但物有所值，它確實不同一般，劉總您可是做大生意的人，配得上！開上它，多做成兩筆生意，不就成了嘛。」

客戶：「你們做業務的呀，嘴上都跟抹了蜜似的。」

業務員：「劉總，您可是把我們誇得太離譜了呀。哦，對了，劉總，xx貿易公司的林總裁您認識嗎？半年前他也在這裡買了一輛跟您一模一樣的車，真是英雄所見略同呀。」

客戶：「哦，林總，我們誰人不知啊，只是我這樣的小輩還無緣和他打上交道。他買的真是這種車？」

第四章　業務人員必知的心理學效應，讓你「知其所以然」

業務員：「是真的。林總挑的是黑色的，劉總您看要哪種顏色？」

客戶：「就上次那輛紅色吧，看上去很有活力，我下午去提車。」

小汪先是讚美客戶，獲得客戶的好感，為最後的成交奠定基礎；然後，使出「殺手鐧」：「對了，劉總，××貿易公司的林總裁您認識嗎？半年前他也在這裡買了一輛跟您一模一樣的車，真是英雄所見略同呀。」看似不經意的一句話，其實是充分利用了潛在客戶的從眾心理，透過他人認同影響潛在客戶，促使潛在客戶做出購買決定。

聰明的業務員應該知道，你的銷售並不是一味地勸說客戶購買你的產品，而是讓潛在客戶了解，你的其他大多數客戶做出最後決策之前都面臨過與他們相似的問題。而你要做的是與你的客戶分享其他客戶成功的經驗，從而消除客戶的反向心理，自然，你的產品就不愁沒有銷路了。

競爭效應：告訴他別人也買你的東西

你知道回饋意見的另一個重要意義嗎？換句話說就是在推銷的時候，告訴他別人也買你的東西。機敏的業務員把它幻化成了一個榜樣，搬到了推銷談判桌上。

「××先生，我很高興您提出了關於××的問題。這是因為我們在××方面做了調整。因為我們的設計師認為，在經過這樣的變化之後，更有××作用，雖然××，但它能夠在××方面節省您的成本與開支。」

如果客戶說：「你們的××產品定價太高，我們可負荷不了。」這也就是告訴你，「我們的要求其實很低，不需要支付這麼多錢。」發生這種事情時，我們沒有必要非得強調我們的價格定得多麼合理，這樣容易發生口角，傷害與客戶之間的感情而又無濟於事。你可以換一種方法用柔和的語氣說：

「我能理解您此時的感受，××先生，在××公司工作的B先生寄了感謝信給我們，他說到我們公司產品的一些優點，如果您需要，我可以給您看一看他給我們的來信。」這時，畢竟客戶也處在猶豫不決的時刻，他也希望有成功應用該產品的案例。

第四章　業務人員必知的心理學效應，讓你「知其所以然」

人們在購買商品時，常常有模仿他人的舉動，業務員都會利用這一點。商場營業員對顧客說：「買這種電冰箱型號的人很多，我們平均每天要銷出 50 多臺，旺季時還需預訂才能買到。」

家具廠廠長對採購員介紹本廠市場銷售情況：「這個月到今天為止，我廠已和 100 多家使用者簽訂了供貨合約，他們有來自本地的，也有遠道從外地趕來的。看！這就是他們的訂貨合約。」

顧客在購買商品之前，會對商品持有一定的懷疑態度，但對於有人使用並具有相當好處的物品，顧客就比較放心和偏好。業務員有效利用這一點，會大大提高業務效率，因為藉助於已成交的一批顧客去吸引潛在顧客，無疑增強了推銷論證的說服力。尤其是已成交的顧客是非常知名的人物時，你的說服就更加有力量了。

喬思轉行成為一家珠寶店的業務員，有一次，他到北方一個小城去推銷玉鐲，當時很多人都笑話他，因為那個地方的人終年都穿著長袖，手臂很少外露，所以，這個地方的人並沒有戴玉鐲的習慣和喜好，如果到這裡去賣玉鐲手鍊這樣的裝飾品，他的大腦肯定有問題。

剛好當時有一位著名歌手到這個城市演出，他靈機一動，透過關係，送了那位大歌星一對玉鐲，唯一的要求就是在演出的時候，一定要戴上。在演出場上，皓臂玉鐲相得益

彰，一下子吸引了不少人的興趣。而且，在演出中，那位明星更換了多套衣服，有長袖也有短袖，但她一直戴著那對玉鐲，而無論她穿什麼樣的衣服，玉鐲的光芒總是忽隱忽現地透露出來。

接下來，他的推銷工作開始了，事實上，已經開始一大半了，因為他在推銷時說：「看，那晚xx歌手演出時戴的就是這對玉鐲，相信您戴上也能和她一樣美麗動人。」

很快，那座城市掀起了一陣佩戴玉鐲的風氣，喬思的推銷工作自然也獲得了巨大成功。在推銷中善用榜樣，那種離現實生活不太遙遠的榜樣更要利用起來，比如顧客認識的人，甚至是他的親戚、他的鄰居。

一位圖書公司業務員對客戶說：「王主任，您認識縣政府的教育科長老李嗎？他剛從我這裡買去500本書，我想你們跟他們那情況差不多，也迫切需要有關市場經營與企業管理方面的書籍，您說是嗎？」

一位推銷家用小電表的促銷員向顧客介紹產品時，總是這樣開頭的：「我看你鄰居家安裝的就是這種型號的電表，可省電啦！」無論這筆生意是否談成，但這樣的宣傳旁證在顧客心目中會留下很深的印象，自然會對推銷的產品引發注意。

現實生活中的榜樣太多了，你應該多用心去發掘，必要時候就把他們「抬」出來，他們的說服力猜想比你直接費唇舌要強得多。

第四章　業務人員必知的心理學效應，讓你「知其所以然」

互惠效應：先給客戶一些恩惠

在銷售中，如果能夠牢記並巧妙運用互惠原則，給顧客一些恩惠，使客戶產生負債感，便能夠在回報意圖的作用下，有效地促使客戶購買你所推銷的產品。

約翰任職於一家大型機械製造公司。有一次，他被指定向一家大公司銷售產品。經過調查，約翰了解到，只有這個公司的總經理才有大宗物品的採購權。於是，約翰決定前去拜訪他。

當約翰被領進總經理辦公室時，有位年輕的女子從門外探頭告訴總經理，她今天沒弄到郵票。

總經理對約翰解釋說：「我在替我那 10 歲的兒子收集郵票。」

約翰說明了來意，並開始介紹產品。但那位總經理卻顯得心不在焉，他言辭閃爍，根本無心向約翰購買產品。就這樣，約翰的第一次造訪失敗了。

該怎樣說服那位總經理呢？約翰絞盡腦汁，突然，他想起了那位年輕女子的話。正巧，約翰的妻子在銀行業務部工作，她收集了許多郵票，那些郵票是從五湖四海的來信上剪下來的，一般人很難弄到。

互惠效應：先給客戶一些恩惠

第二天下午，約翰又去拜訪那位總經理。約翰對傳話人說：「請轉告你們的總經理，我為他兒子弄到了一些郵票。」

總經理滿臉堆笑地接見了約翰，他一邊翻弄那些郵票，一邊不斷地說：「我的喬治一定喜歡這張，看這張，這是珍品！」

總經理還興致勃勃地拿出兒子的照片來，他們談了差不多半個小時的郵票。

在接下來的一個小時裡，總經理主動把公司的採購要求向約翰和盤托出，最後向約翰購買了五件大型機械產品。

古語云：「來而不往非禮也。」當人們得到了他人的某些好處，他就會想用另一種好處來報答他，或者做出某些退讓，這樣才會皆大歡喜，倍感心安。在這樣的心理壓力作用下，很少人能夠無動於衷，這就是互惠原則的巨大影響。

案例中約翰第一次的失敗是因為沒有意識到總經理當時最需要的東西，還是一味介紹自己的產品，總經理此時根本無心聽他的話，最終也是閃爍其詞，無疾而終。而後來約翰利用自己妻子的關係幫助那位總經理為其兒子找到渴望得到的郵票。這時，總經理基於約翰的這點小恩惠，自己的需求得到了滿足後，自然就主動提出與約翰達成了交易。

為什麼互惠原理有如此威力？因為人們大都有一種不願負債的心理，一旦受惠於人，會有一種心理壓力，讓人迫不

第四章　業務人員必知的心理學效應，讓你「知其所以然」

及待想要卸下，這時就會痛痛快快地給出比我們所得要多得多的回報，以使自己得到心理重壓下的解脫。把互惠影響運用到銷售之中，會產生非常好的效果。

想要獲得什麼樣的回報，往往不在於別人想要給你什麼，而是你曾經給了別人什麼。當你實實在在地為別人做了一些事情，給他帶去了一些好處，別人就會想方設法地來報答你為其所做的一切。這是典型有效的利用互惠原理的銷售策略。

生活中，我們常見到超市的「免費試用」、「免費試吃」活動。超市安排相關業務人員將少量的有關產品提供給潛在顧客，他們介紹說這樣做的目的是讓他們試一下看自己到底喜不喜歡這個產品，而活動真正的心理奧妙在於：免費試用品從另一個層面說是可以作為一種禮品的，因此可以把潛在顧客的互惠心理調動起來，讓品嘗過的消費者產生因有虧欠感而不好意思不買的心理。

牢記互惠原理，讓對方產生必須回報你的負債感。受人恩惠就要回報是互惠原理的心理依據，它可以讓人們答應一些在沒有任何心理負擔時候一定會拒絕的請求。所以，此原理最大的威力就是：即使你是一個陌生人，或者是讓對方很不喜歡的人，如果先施予對方一點小小的恩惠然後再提出自己的要求，也會大大減小對方拒絕這個要求的可能。

權威效應：運用精確數據說服客戶

在與客戶溝通的過程中，你是否經常會為這樣的問題產生苦惱：自己已經將產品的基本資訊傳達給了客戶，而且沒有一絲虛偽和誇張，可是客戶看上去仍然不相信自己。客戶到底在擔心什麼呢？不要說業務人員難以理解，就連客戶自己可能都不太清楚。

面對難以理解的客戶質疑，有時，即使業務人員反覆強調產品的種種優勢都無濟於事。這時，建議你可以考慮運用精確的數據來打消客戶的疑慮，你將會驚奇地發現運用精確具體的數據等資訊說明問題，可以增強客戶對產品的信賴。例如：你可以對客戶這樣說，「試驗證明，我們公司的產品可以連續使用 5 萬個小時而無品質問題」、「這種品牌的電器在全國 21 個地區的銷量都已經超過了 160 萬臺」、「的確，兒童食品尤其要講究衛生，我們公司生產的所有兒童食品都經過了 12 道操作嚴格的工序。另外，在品質監督機構檢查以前，我們公司已經進行過 5 次內部衛生檢查」。

現在，很多商家都意識到了這種方法在銷售中的巨大作用，所以各大商家在廣告宣傳中也引用了精確的數據說明。例如某日用化妝品公司某些產品的廣告宣傳。

第四章　業務人員必知的心理學效應，讓你「知其所以然」

××浴液：「經過連續28天的使用，您的肌膚可以白嫩光滑、富有彈性。」

××洗髮精：「可以經得住連續7天的考驗。」

××牙膏：「只需要14天，你的牙齒就可以光亮潔白。」

現在的客戶溝通中，「拿出證據來」已經越來越被人們重視了，因為證據是最能讓別人相信的。

國外一家著名的管理顧問公司的資深顧問路易斯，就是一位善於運用數字銷售策略的典範：

有一天，路易斯在推銷廚房用的節燃成套廚具時遇到一個被稱為「老頑固」的老人，那個「老頑固」當時就直接告訴路易斯，即使路易斯的炊具再好他也不會買。

於是第二天路易斯又專門去拜訪了這個「老頑固」。當他見到這位「老頑固」時，便從身上掏出一張1美元的鈔票，然後撕了，撕完之後問這位「老頑固」是否心疼。老人說：「你把1美元白白地撕掉，我怎麼不心疼呢？」接著他又掏出一張20美元的鈔票撕了，撕完之後沒捨得扔掉，裝進了自己的口袋，然後問：「你還心疼嗎？」老人說：「我不心疼，那是你的錢，如果你願意你就撕吧！」

路易斯立即說了一句讓老人摸不著頭緒的話，他說：「我撕的不是我的錢，而是你的錢呀。」老人感覺到很奇怪，問道：「你撕的怎麼是我的錢呢？」這時路易斯從身上掏出一個

權威效應：運用精確數據說服客戶

本子，在上面邊寫邊說道：「你昨天告訴我你家裡一共6口人，如果用我的廚具，每一天你可以節燃1美元，是不是？」老人說：「是的！但那有什麼關係呢？」

路易斯繼續說：「我們不說一天節省1美元，就按每天0.5美元來計算。一年有365天，我們就按360天計算。你告訴我你已經結婚23年了，就按20年計算吧。這就是說在過去的20年裡你沒有用我的廚具，這樣你就白白浪費了3,600美元，難道你還想在未來的20年裡再撕掉3,600美元嗎？」

聽到這麼驚人的數字後，這個「老頑固」便毫不猶豫地買下了路易斯的廚具。

採用數據和客戶溝通的確能收到事半功倍的效果，但是滿足準客戶的銷售重點是不盡相同的，因此，你必須針對所售商品的銷售重點，找出證明它是事實的最好方法。

證明的方法有很多，下面幾種方法可供你參考：

◆ 實物展示

實物是最好的一種證明方式，商品本身的銷售重點，都可透過實物展示得到證明。

◆ 利用權威機構的證明

權威機構的證明自然更具權威性，其影響力也非同一般。當客戶對產品的品質或其他問題存有疑慮時，業務人員

第四章　業務人員必知的心理學效應，讓你「知其所以然」

可以利用這種方式來打消客戶的疑慮。例如：「本產品經過××協會的嚴格認證，在經過了連續9個月的調查之後，××協會認為我們公司的產品完全符合國家標準……」

◆ 專家的證言

你可收集專家發表的言論，證明自己的說辭。例如符合人體生理設計的檯燈，可防止不良習慣，預防近視。

◆ 客戶的感謝信

有些客戶因為你公司的周到服務或者幫客戶解決了特殊的問題而致函表達謝意，這些感謝信就是一種有效證明公司實力和優質服務的方式。

另外，在與客戶的溝通中還應注意，很多數據都是隨時間和環境的改變不斷發生變化的，比如產品銷量和使用期限等。為此，你一定要準確掌握數據變化，力求給客戶提供最準確、最可靠的資訊，就像一些非常知名的推銷人員所相信的那樣：如果能用小數點以後的兩位數字說明問題，那就盡可能不要用整數；如果能用精確的數字說明情況，那最好不要用一個模模糊糊的大約數來應付別人。

光環效應：讓客戶愛屋及烏

據說瑪麗蓮·夢露死後，有一位收藏家買到了一隻她的鞋子，他把這隻鞋子拿到市場上去展示，參觀者如果想聞一下，須出100美元的高價，但願意出錢去聞的人竟然絡繹不絕，排起了長隊。瑪麗蓮·夢露的鞋子為什麼有那麼大的魅力呢？答案就是「光環效應」。

「光環效應」是指由於對人的某種品質或特點有清晰的知覺，印象較深刻、突出，從而愛屋及烏，掩蓋了對這個人的其他品質或特點的認識。這種強烈知覺的品質或特點，就像月暈形成的光環一樣，向周圍瀰漫、擴散，所以人們就形象地稱這一心理效應為「光環效應」。

其實，在我們的日常生活裡，「光環效應」的例子數不勝數。

拍廣告的多數是那些有名的歌星、影星，而很少見到那些名不見經傳的小人物，明星代言的商品更容易得到大家的認同。在政界，依靠繼承父親打下的江山而在競選中順利當選的人被稱為「官二代」。在金融界也有向「富二代」傳授經營學的課程，就是為了培養自己的接班人。其實，在我們這

個社會裡，依靠「父母光環」平步青雲的例子比比皆是。

一個作家一旦出名，以前壓在箱子底的稿件全然不愁發表，所有著作都不愁銷售，這又是為什麼呢？為什麼知名人士的評價或權威機關的數據會使人不由自主地產生信任感？為什麼那些迷信權威的人，即使覺得沒有什麼值得借鑑之處或者有許多疑問，但只要是權威部門或權威人士的話就會全盤接受？為什麼外表漂亮的人更受人歡迎，更容易獲得他人的青睞呢？

業務員在發展會員時往往會說「著名演員某某某也加入了我們的俱樂部」等，雖然與實際情況並不相符，但為什麼往往都能奏效呢？所有問題的答案都可以用心理學上所謂的「光環效應」解釋：當一個人在別人心目中有較好的形象時，他會被一種積極的光環所籠罩，從而被賦予其他良好的特質。

由於光環效應可以增加人們對未知事物認知的可信度和說服力，使得人們在認識事物方面達到「好者越好，差者越差」的效果，所以它也是形成馬太效應的又一個主要因素。

光環效應是一種以偏概全的評價傾向，是個人主觀推斷泛化和擴張的結果。由於光環效應的作用，一個人的優點或缺點一旦變為光圈被誇大，其他優點或缺點也就退隱到光圈背後視而不見了，嚴重者甚至可以達到愛屋及烏的程度。

光環效應：讓客戶愛屋及烏

上面提到的夢露鞋子的事件，可謂是「光環效應」發揮作用的極致了。但即使是在強調個人意識的今天，光環效應也並不因為人們追求個性化的行動而減弱。

人們對明星的追捧就是一個很典型的例子。很多人因為喜歡一個歌星或影星而極力地去模仿他，從服裝、髮型到說話做事的方式，無一不是竭盡全力模仿。

麥可·傑克森的演唱會，票價會炒到幾百美元甚至幾千美元以上，花這麼多錢所聽到的和看到的其實際效果並不比電視裡的好，但是許多人還是為能親自感受一下歌星演唱的現場氛圍而慷慨解囊。

因為光環效應無處不在，這就需要我們努力塑造新形象。許多具有世界性影響力與傳播力的企業家，都是經過長時期的修練、包裝與宣傳，才形成光彩奪目的形象的。

雅詩·蘭黛是世界化妝品王國中的皇后。她擁有幾十億美元的化妝品王國，是世界化妝品領域的一股主要勢力。但雅詩出身貧窮，並沒有受過多少教育。

最初，她以推銷叔叔製作的護膚膏起家。為了使自己的產品能夠多銷售一些，她不得不挨家挨戶。後來，她決定將產品定位於高級別之列。可是，起初她的推銷卻沒有什麼效果。後來，她終於忍不住問一個拒絕購買產品的客戶：「請問，您為什麼拒絕購買我的產品呢？是我的推銷技巧有什麼問題嗎？」

第四章　業務人員必知的心理學效應，讓你「知其所以然」

那位女士道：「不是技巧有問題，推銷要什麼技巧？如果我覺得妳在展示技巧，我就會將妳趕出去。是妳這個人不行。妳根本就是一個低階的人，讓我怎麼相信妳的產品是高級貨呢？」

這位女士的話明顯帶有對雅詩輕視甚至侮辱的成分，但聰明的雅詩卻異常興奮，認為自己找到了問題的關鍵：那就是產品的高級別推銷，首先在於推銷人，也就是自己也要變得高級。她想，換成自己也會是這樣，推銷人員本身的等級不高，自己也確實會懷疑產品的品味與等級。於是，她決心對自己的形象進行精心的改造、包裝。

她模仿富貴名門和上層婦女，像她們一樣穿著打扮，模仿她們的舉止。她甚至採取了一些極端的做法，虛構自己的身世及一些故事，將自己說成是貴族出身，後來家道中落，不得不以推銷謀生，用盡辦法使自己顯得更加高貴，以便打入上流社會。

不久，雅詩又了解到自信對於形象創造的重要意義：「自信創造美麗。」於是，她對自己的塑造便不僅僅在於外表，而更在於內心，即加強自信心的培育。最終，她讓自己成為有教養而優雅的美容女士，她的角色甚至已經偏離了現實。

經過系統的自我訓練，雅詩·蘭黛形象光芒四射，她的魅力不可抵擋。貴婦們覺得雅詩比她們更像貴族，她們欣賞雅詩出眾的美麗、高貴的氣質、優雅的談吐，更相信這樣的女士會誠信、可靠，會帶給自己同樣的美麗。於是，雅詩出

入上流社會,為貴婦們化妝,推銷自己的產品。她讓別人介紹最有影響力的女主人,然後她便會千方百計找到這些人去推銷。她的化妝品很快風靡一時,生意也越做越大。

由於自己從形象魅力中得到有益的經驗,她後來十分注重公司產品業務員的形象培訓,並親自上陣,她要求她們漂亮、優雅、自信,全心致力於雅詩蘭黛美容品的推銷。最終,這些業務員發展到15萬名。這15萬名美麗大使走進千家萬戶,以不可抵擋的魅力推銷著雅詩蘭黛的產品。雅詩的化妝品王國從此建立。

第四章 業務人員必知的心理學效應，讓你「知其所以然」

劇場效應：好的演示常常勝過雄辯

某家公司經銷一種新產品──適用於機器設備、建築物清洗的潔神牌清洗劑。老闆安排任務後，大家紛紛帶著樣品去拜訪顧客。

依照過去的經驗，業務員向顧客推銷新產品時最大的障礙是：顧客對新產品的效能、特色不了解，因而不會輕易相信業務員的解說。但業務員趙中卻有自己的一套辦法。

他前去拜訪一家商務中心大樓的管理負責人，對那位負責人說：「您是這座大樓的管理負責人，您一定會對既實惠清洗效果又好的清洗劑感興趣吧。就貴公司而言，無論是從美觀還是從衛生的角度來看，大樓的明亮整潔都是很重要的企業形象問題，您說對吧？」

那位負責人點了點頭。趙中又微笑著說：「XX 就是一種很好的清洗劑，可以迅速地清洗地面。」同時拿出樣品，「您看，現在向地板上噴灑一點清洗劑，然後用拖把一拖，就乾乾淨淨了。」

他在地板上的汙跡處噴灑了一點清洗劑。清洗劑滲透到汙垢中，需要幾分鐘時間。為了不使顧客覺得時間長，他繼續介紹產品的效能以轉移顧客的注意力。「XX 清洗劑還可以清洗牆壁、辦公桌椅、走廊等處的汙跡。與同類產品相比，

劇場效應：好的演示常常勝過雄辯

XX清洗劑還可以根據汙垢程度不同，適當地用水稀釋幾倍，它既經濟方便，又不腐蝕、破壞地板、門窗等。您看——」他伸出手指蘸了一點清洗劑，「連人的皮膚也不會傷害。」

說完，業務員指著剛才浸泡汙漬的地方說：「就這一會兒的工夫，您看效果：清洗劑浸透到地面上的坑窪中，使汙物浮起，用溼布一擦，就乾淨了。」隨後拿出一塊布將地板擦乾，「您看，多乾淨！」

接著，他又掏出白手絹再擦一下清洗乾淨的地方：「看，白手絹一塵不染。」再用白手絹在未清洗的地方一擦，說：「您看，髒死了。」

趙中巧妙地把產品的優異效能展示給顧客看，顧客為產品優異的效能所打動，於是生意成交了。心理學上有個概念叫「劇場效應」，人在劇場裡看電影或看戲，感情與意識容易被帶入劇情之中；另外，觀眾也互相感染，也會使彼此感情趨於相對一致。因而，一些聰明的業務員把「劇場效應」運用到推銷活動中，同樣取得了較好的效果。他們當眾進行產品演示，邊演示邊解說，渲染了一種情景氛圍，直接作用於潛在顧客的感性思維，讓那些本來有反對意見的人和拒絕該產品的人在感性思維的影響下，受到不易察覺的催眠，最終做出購買的決策。

就像這個場景中的清洗劑業務員，面對顧客對產品不熟悉的情況，沒有單純地採用「說」的推銷方法，而是發揮了自

己的感性思維優勢,一邊為顧客演示產品一邊解說,把產品的效能充分展示給潛在客戶,當顧客感知到這確實是一種好產品時,他實際上已經被催眠了,成交也就是毫無懸念的事情了。

其實,業務員演示的過程完全出自於理性思維的周密計畫,它透過感性思維的形式有步驟地建立起一種氛圍,在一種虛化的催眠感覺中,讓客戶採取決策步驟。

好的演示常常勝過雄辯。在推銷過程中,如果能讓顧客親自做示範,那你就不要動。讓顧客做,把他們置身於情景當中,這樣非常有效。

存異效應：接納客戶的不同意見

拜訪客戶或平時交流時，談論到一些話題常常會發生意見分歧，尤其是針對產品本身的效能、外觀等。遇到這樣的情況我們該如何應對呢？是憑藉我們的專業知識駁倒客戶，還是一味地遷就順從他們？這些恐怕都不是最佳解決辦法。

克洛里是紐約泰勒木材公司的業務人員。他承認：多年來，他總是尖刻地指責那些大發脾氣的木材檢驗人員的錯誤，他也贏得了辯論，可是這一點好處也沒有。因為那些檢驗人員和「棒球裁判」一樣，一旦判決下去，他們絕不肯更改。

克洛里雖然在口舌上獲勝，卻使公司損失很大。他決定改變這種習慣。他說：

「有一天早上，我辦公室的電話響了。一位憤怒的客戶在電話那頭抱怨我們運去的一車木材完全不符合他們的要求。他的公司已經下令停止卸貨，請我們立刻把木材運回來。在木材卸下25%後，他們的木材檢驗員報告說，55%的木材不合規格。在這種情況下，他們拒絕接受。

掛了電話，我立刻去對方的工廠。途中，我一直在思考著解決問題的最佳辦法。通常，在那種情形下，我會以我的

第四章　業務人員必知的心理學效應，讓你「知其所以然」

工作經驗和知識來說服檢驗員。然而，我又想，還是把在課堂上學到的為人處世原則運用一番看看。

到了工廠，購料主任和檢驗員正悶悶不樂，一副等著吵架的姿態。我走到卸貨的卡車前面，要他們繼續卸貨，讓我看看木材的情況。我請檢驗員繼續把不合格的木料挑出來，把合格的放到另一堆。

看了一會兒，我才知道是他們的檢查太嚴格了，而且把檢驗規格也搞錯了。那批木材是白松，雖然我知道那位檢驗員對硬木的知識很豐富，但檢驗白松卻不夠格，而白松碰巧是我最內行的。我能以此來指責對方檢驗員評定白松等級的方式嗎？不行，絕對不能！我繼續觀察，慢慢地開始問他某些木料不合格的理由是什麼，我一點也沒有暗示他檢查錯了。我強調，我請教他是希望以後送貨時，能確實滿足他們公司的要求。

以一種非常友好而合作的語氣請教，並且堅持把他們不滿意的部分挑出來，使他們感到高興。於是，我們之間劍拔弩張的空氣消散了。偶爾，我小心地提問幾句，讓他自己覺得有些不能接受的木料可能是合格的，但是，我非常小心不讓他認為我是有意為難他。

他的整個態度漸漸地改變了。他最後向我承認，他對白松的檢驗經驗不多，而且問我有關白松木板的問題。我對他解釋為什麼那些白松木板都是合格的，但是我仍然堅持：如果他們認為不合格，我們不要他收下。他終於到了每挑出

存異效應：接納客戶的不同意見

一塊不合格的木材就有一種罪惡感的地步。最後他終於明白，錯誤在於他們自己沒有指明他們所需要的是什麼等級的木材。

結果，在我走之後，他把卸下的木料又重新檢驗一遍，全部接受了，於是我們收到了一張全額支票。

就這件事來說，講究一點技巧，盡量控制自己對別人的指責，尊重別人的意見，就可以使我們的公司減少損失，而我們所獲得的良好的關係，是非金錢所能衡量的。」

尊重客戶的意見並不是要抹殺我們的觀點與個性，而是指對方陳述其意見時切勿急於打擊、駁倒。禮貌地尊重勝過激烈的雄辯。有多少種人就會有多少種觀點，我們沒有資格去要求他人的看法與我們步調一致，尊重客戶的意見，不僅能為我們贏得客戶的尊重，同時也是好修養的展現。

我們誰都不敢說自己的觀點就是100%正確，也不敢說自己的眼光最好。因此，我們有什麼理由不接納他人的不同意見呢？而且有時因為我們的激烈辯駁，常引發客戶強烈的反向心理與厭惡心理，眼看著能成功的合作也會因此而擱淺。多一份包容心，多一點尊重，最終獲益的總是我們自己。

第四章　業務人員必知的心理學效應，讓你「知其所以然」

曝光效應：增加與客戶的交流次數

有心理學家曾經做過這樣一個實驗：在一所中學選取了一個班的學生作為實驗對象。他在黑板上不起眼的角落裡寫下了一些奇怪的英文單字。這個班的學生每天到校時，都會瞥見那些寫在黑板角落裡的奇怪的英文單字。這些單字顯然不是即將要學的課文中的一部分，但它們已作為班級背景的不顯眼的一部分被接受了。

班上學生沒發現這些單字以一種有條理的方式改變著——一些單字只出現過一次，而一些卻出現了 25 次之多。期末時，這個班上的學生接到一份問卷，要求對一個單字表的滿意度進行評估，列在表中的是曾出現在黑板角落裡的所有單字。

統計結果表明：一個單字在黑板上出現得越頻繁，它的滿意率就越高。

心理學家有關單字的這個研究證明了曝光效應的存在，即某個刺激的重複呈現會增加這個刺激的評估正向性。與「熟悉產生厭惡」的傳統觀念相反，實驗表明某個事物呈現次數越多，人們越可能喜歡它。

曝光效應:增加與客戶的交流次數

曝光效應不僅使人們對經常見到的單字的喜愛程度增加,在人際交往中,曝光效應也同樣適用。這就是說,隨著交流次數的增加,人們之間越容易形成重要的關係。一般來說,交流的頻率越高,刺激對方的機會越多,「重複呈現」的次數越多,越容易形成密切的關係。

兩個人從不相識到相識再到關係密切,交流的頻率往往是其中一個重要的條件。沒有一定的交往,像俗話所說的「雞犬之聲相聞,老死不相往來」那樣,則情感、友誼就無法建立。當所有其他因素一樣時,一個人在另一個人面前出現的次數越多,對那個人的吸引力就越大,這種現象常發生在看到某人照片,聽到某人名字之時。

在人際交往中,要得到別人的喜歡,就得讓別人熟悉你,而熟識程度是與交流次數直接相關的。交流次數越多,心理上的距離越近,越容易產生共同的經驗,取得彼此了解的機會,更容易建立友誼,由此形成良好的人際關係。例如教師和學生、主管和祕書等,由於工作的需要,交流的次數多,所以更容易建立親近的人際關係。

美國心理學家扎瓊克(Robert B. Zajonc)在1968年進行了交流次數與人際吸引的實驗研究。他將貝斯不認識的12張照片,按機率分為6組,每組2張,按以下方式展示給貝斯:第一組2張只看1次,第二組2張看2次,第三組2張看5次,

第四章　業務人員必知的心理學效應，讓你「知其所以然」

第四組 2 張看 10 次，第五組 2 張看 25 次，第六組 2 張從未看過。

在貝斯看完全部照片後，另加從未看過的第六組照片，要求貝斯按自己喜歡的程度將照片排序。結果發現一種極明顯的現象：照片被看的次數越多，被選擇排在最前面的機會也越多。由此可見，簡單的呈現確實會增加吸引力，彼此接近、常常見面的確是建立良好人際關係的必要條件。

當然，任何事物都是辯證的，不是絕對的，我們應該承認交流的次數和頻率對吸引的作用，但是不能過分誇大其對交流的作用。俗話說：距離產生美，任何事情都存在一個分寸的問題。有些心理學家孤立地把研究重點放在交流的次數上，過分注重交流的形式，而忽略了人們之間交流的內容、交流的性質，這是不恰當的。實際上，交流次數和頻率並不能給我們帶來預想的結果，有時，反而會適得其反。

第五章
客戶不經意的小動作，出賣其內心大祕密

第五章　客戶不經意的小動作，出賣其內心大祕密

客戶的身體語言會「出賣」他們

在與客戶進行溝通的過程中，業務人員可以透過自己的身體語言向客戶傳遞各種資訊，同時，客戶也會在有意無意間透過肢體動作表現某些資訊，這就要求業務人員認真觀察、準確解讀。可以說，準確解讀客戶的身體語言，是業務人員實現銷售目標的重要條件之一，有時候捕捉住客戶的一個瞬間小動作就有可能促成一筆交易。

在與客戶的溝通中，有些人會極力掩飾自己，不願意透過口頭表達或其他方式透露相關資訊，但是他們的一些不經意的小動作卻常常會「出賣」他們。注意觀察這些小動作，往往可以從中捕捉到至關重要的資訊，有這樣一個小例子：

一位汽車業務人員正在做客戶回訪，當他們聊天的時候，碰巧看到那位客戶的同事正在上網看一組汽車圖片，他當時就覺得這是一位潛在客戶。於是，他對那位潛在客戶說：「您可以看看我們公司的汽車，這是圖片和相關資料。」但這位潛在客戶馬上拒絕了，他表示自己馬上要出去辦事。「只需要五六分鐘就看完了，而且我可以把東西留在這裡。」業務人員急忙說道，同時他迅速拿出幾款男士比較喜歡的車

型圖片。這時他看到潛在客戶的目光停留在了其中一款車的圖片上，而且剛剛準備拿著皮包要走的他又把皮包放到了桌子上，坐了下來。業務人員意識到，潛在客戶已經對那款車產生了極大的興趣，於是開始趁熱打鐵地展開推銷……

當然，在溝通過程中，客戶的肢體動作包括很多種，如果對客戶的每一個動作都進行分析和解讀，那是不現實的，況且那麼做也常常會錯過重要資訊而在一些無效資訊上浪費巨大的時間和精力。實際上，最能表達資訊的肢體語言常常是眼神、面部表情、手勢或其他身體動作等。在解讀客戶身體語言時，業務人員可以從這幾方面入手：

◆ 眼神變化

平常你只要多注意對方眼神的微妙變化，就能了解人們在無意識中所表達出來的感情及欲望。一般而言，交談時若對方目光炯炯有神、瞳孔放大，則表示對這件事的洽談有相當程度的關心。

心理學家研究顯示：當人們看到有趣的物品、注視所關心的事物時，瞳孔也要比平時擴大許多，目光看來炯炯有神。推銷時，若你所呈示的商品，客戶缺乏興趣，瞳孔也將隨之變小，眼神也變得黯淡無光。由瞳孔的變化，可以察知對方的感情及欲求，可以視為行為語言的一種，與客戶溝通時，若能善加利用，則獲益匪淺。

第五章　客戶不經意的小動作，出賣其內心大祕密

◆ 面部表情

　　面部表情也透露出客戶對商品的興趣，例如：那些表情較為豐富且變化較快的客戶更趨向於情緒型，有時一句感情色彩比較濃厚的話就可能會引起他們的強烈共鳴，而一個不得體的小動作也可能會使他們的情緒迅速低落。對於這類客戶，業務人員要給予更多的體貼和關懷，要多傾聽他們的意見，這樣才能達到有效溝通的目的。

　　相反，那些表情嚴肅、雙唇緊閉、說話速度不緊不慢但語氣非常堅定的客戶通常更為理智。與這些客戶溝通時，業務人員最好把話題集中到與銷售有關的內容上，不要東拉西扯。對於這些客戶提出的問題，業務人員要給予自信而堅定的回答，若是你的回答模稜兩可、躲躲閃閃，那麼他們肯定會懷疑你，當然也不會有什麼好結果。

◆ 手勢

　　手勢是人們在交談時最顯眼也是最常用的身體語言，商談時若客戶不停地記錄內容，或把筆放在嘴巴旁邊，做出思考的動作，這通常表示的是一些積極的意願。例如客戶說：「我想知道更詳細的商品內容。」或者說：「我希望把洽談資料呈示給對方，做詳實的解說，相信會有很好的收穫。」如果你的客戶這樣說，那麼恭喜你，你就要成功了。

如果對方此時把雙手的拇指伸直,或者做出合掌的動作,可視對方以相當嚴謹的心情來聆聽你的談話,這樣一來也可以提高洽談的效果。

在客戶表現出的眾多手勢中,值得注意的是,客戶常常會透過快速擺手臂或者其他手勢表示拒絕,如果業務人員對這些手勢動作視而不見,那麼接下來可能就是毫不客氣的驅逐,事情一旦到了這一步就很難有轉圜的可能。所以,當發現客戶用手用力敲桌子、擺弄手指或擺動手臂時,業務人員就應該反思自己此前的言行是否令客戶感到不滿或厭煩,然後再採取相應的措施。

除此之外,若是雙方洽談時,對方不時注意著手錶或掛鐘,這也是對商品缺乏興趣的表現或者腦海中想著還有其他的要事待辦,特別是不願與眼前的人交談,心中有敬而遠之的潛在意識。其舉止充分顯示了「我現在很忙,沒時間跟你洽談」。除了對方看錶或取出檔案動作之外,有時還會做出更進一步的拒絕動作,例如:改變坐姿,或把香菸頭用力地摁在菸灰缸上,甚至從抽屜或書架上取出書來等。

相反,客戶對洽談有濃厚興趣時,會把座椅拉前,並把坐姿稍向前傾,來聆聽你的談話,而且奉茶的動作也非常自然大方,毫無矯揉造作。

客戶的一舉一動都在表明他們的想法,細緻觀察客戶行

第五章　客戶不經意的小動作，出賣其內心大祕密

為，並根據其變化的趨勢，採用相應的策略、技巧加以誘導，在成交階段十分重要。

大量研究顯示，想要購買的積極的行為訊號通常表現為：點頭；雙眉上揚；前傾，靠近業務員；眼睛轉動加快；觸碰產品或訂單；檢視樣品、說明書、廣告等；嘴唇抿緊，像是在品味著什麼；顧客放鬆身體，神情活躍；不斷撫摸頭髮；摸鬍子或者捋鬍鬚；由造作的微笑轉變為自然的微笑。

其實，洞察客戶的身體語言不僅是進行銷售的重要組成部分，也是處理投訴的重要步驟。通常，客戶進行投訴時，身體語言會透露出緊張和一定的焦慮情緒。你可以透過對方身體上有侵略性的姿勢看出這一點，或是透過對方交叉在胸前的手，看出他些許的不安全感，因為他對投訴感到不舒服。同樣，客戶的態度生硬，讓人無法親近，也說明他處於緊張之中。這時你的語言就要緩和，盡量穩定對方的情緒，等到他身體放鬆下來之後，再做進一步的打算。

暗中捕捉客戶舉止中隱藏的資訊

坐到談判桌前，個人舉止將會同以往有很大不同。人們往往會藉助一些手勢來表達自己的意見，從而使效果更臻完美。作為談判的一方，你應當學會趁機仔細觀察對手，捕捉潛藏的資訊，從而迅速得到自己想要的資訊。

欲做到這一點，你通常要注意以下幾點：

◆ 對方的舉止是否自然

談判中，如果對方動作生硬，你需要提高警惕。這很可能表示對方在談判中為你設定了陷阱。同時，還要注意他的動作是否切合主題。如果在談論一件小事的時候，就做出誇張的手勢，動作多少有些矯揉造作，欺騙意味增加，需要仔細辨別他們表達情緒的真偽，避免受到影響。

◆ 對方的雙手動作

在談判中，注意對方的上肢動作，可以恰當地分析出其心理活動。如果對方搓動手心或者手背，表明他處於談判的逆境。這件事情令他感到棘手，甚至不知如何處理。

如果對方做出握拳的動作，表示他向對方提出挑釁，尤其是將關節弄響，將會使對方感到威脅。

第五章　客戶不經意的小動作，出賣其內心大祕密

如果對方手心在出汗，說明他感到緊張或者情緒激動。

如果對方用手拍打腦後部，多數是在表示他感覺到後悔。可能覺得某個決定讓他很不滿意。這樣的人通常要求很高，待人苛刻。而若是拍打前額，則說明是忘記什麼重要的事情，而這類人通常是真誠率直的人。

如果對方雙手緊緊握在一起，越握越緊，則表現了拘謹和焦慮的心理，或是一種消極、否定的態度。當某人在談判中使用了該動作，則說明他已經產生挫敗感。因為緊握的雙手彷彿是在尋找發洩的方式，展現的心理語言不是緊張就是沮喪。

◆ **對方腿部和腳部動作**

從對方的腿部動作也能蒐羅出一些資訊，如果他張開雙腿，表明對談話的主題非常自信，若是將一條腿蹺起抖動，則說明他感覺到自己穩操勝券，即將做出最後的決定了。

如果對方的腳踝相互交疊，則說明他在克制自己的情緒，可能有某些重要的讓步在他心中已形成，但他仍猶豫不決。這時，不妨向他提出一些問題並進行探查，看能否讓他將決定說出口。

如果對方搖動腳部或者用腳尖不停地點地，抖動腿部，這都說明他們不耐煩、焦躁，想要擺脫某種緊張感。

如果對方身體前傾，腳尖踮起，表現出溫和的態度，則說明對方具有合作的意願，你提的條件他基本能接受。

用「看、問、聽」來分辨客戶類型

「看、問、聽」是分辨客戶的法則，熟練掌握後，便可輕鬆分辨不同類型的客戶，達到事半功倍的效果。

看，就是看客戶所處的環境、居室的布置。

問，問正確的問題，套取「機密」。

聽，傾聽客戶真實的想法，了解他的購買意圖。

接下來，運用「看、問、聽」試著去分辨一下你所面對的客戶屬於哪種類型，如客戶為什麼購買，即客戶買東西是做什麼用的，還有客戶的性格特徵。

◆ 客戶為什麼購買？

- 解決問題
- 他們以為自己需要它
- 省錢或加快生產速度
- 覺得爽快
- 改變心情
- 被說服的
- 買得很划算

第五章　客戶不經意的小動作，出賣其內心大祕密

- 他們需要它
- 取得競爭優勢
- 消除錯誤或減少麻煩
- 炫耀
- 鞏固關係
- 聽起來不錯，拒絕不了

◆ 以下這些特徵有幾個符合你所面對的客戶？

- 旁敲側擊型
- 頭腦清醒型
- 撒謊型
- 優柔寡斷型
- 傲視群倫型
- 衝動型
- 萬事通型
- 信心十足型
- 沒水準型
- 愛說話型
- 笑裡藏刀型
- 拖拖拉拉型
- 猶豫不決型
- 魯莽型

用「看、問、聽」來分辨客戶類型

- 傲慢型
- 向錢看型
- 吹牛大王型
- 好辯型
- 沉默寡言型
- 感性型
- 考慮再三型
- 粗魯型
- 小氣鬼型
- 好好先生型
- 殭屍型

透過你與客戶的接觸,你就能把他劃入某個範圍內。例如:好好先生型/旁敲側擊型/向錢看/考慮再三型。搞清楚後,你就能看人下菜碟了。

但是,不管你的客戶歸於哪一類,即使是難纏的「好辯型」,也要好好對待他。因為,如果你一旦「搞定」他,就意味著你又完成了一筆訂單。下面有一些適用於各類型客戶的準則:

- 絕對不與他爭辯;
- 絕對不冒犯他;
- 絕對不表現出失敗、沮喪的思想或舉動;

第五章　客戶不經意的小動作，出賣其內心大祕密

- 不論如何試著和他交朋友；
- 試著和他站在同一邊（和諧）；
- 絕不說謊。

一個可以征服所有類型客戶的詞就是和諧。不管怎麼樣，別和客戶發生衝突，聽客戶說話，看他們的環境、舉止，問適當的問題。了解大概後你會知道什麼該說，什麼不該說。如果你想成為一名優秀的業務人員，你的職責就是把準客戶的特性取出來，與準客戶購買的理由一起攪拌，讓它刺激準客戶行動，並給準客戶足夠的信心去購買。

「擒賊先擒王」，找出決策人

一對夫妻領著自己十幾歲的女兒走進了一家眼鏡行。

業務員：「您好，歡迎光臨本店！請問你們需要配什麼樣的眼鏡呢？」

小女孩：「我要買放大片，那樣戴上去眼睛看上去會很大很漂亮！」

媽媽：「呵呵，瞧這孩子！就愛臭美。戴隱形的太傷眼睛了，並且也麻煩，會影響功課，還是戴這款黑框的眼鏡吧，看起來文靜一點。」

爸爸：「嗯！我覺得還是寶石藍的框架眼鏡好看些，看起來活潑明亮一些，小孩子不要給她戴黑框的眼鏡，太壓抑了，不利於性格發展。」

業務員：「……」

在銷售過程中，許多業務員都特別恐懼銷售中的一對多現象，即一個業務人員同時對付一撥顧客，他們可能是親人、同事或朋友關係。最讓人頭痛的是，他們往往每個人都有不同的想法，而且所有人的觀點往往不一致，難免出現「以偏概全」、「七嘴八舌」的情況。

在這種情況下，業務員與顧客之間的交流往往是極其複

第五章　客戶不經意的小動作，出賣其內心大祕密

雜和頭痛的：一方面，這群顧客往往仗著人多，認為自己很了解想購買的衣服，認為業務員只是花言巧語，避實就虛；另一方面，業務員則認為這群顧客不懂裝懂，自作聰明，甚至不可理喻，以至於雙方都不愉快，導致交易失敗。還有的顧客對商品很滿意，但因為陪伴購物者的一句話就讓銷售過程終止了，這確實非常令人痛心。

可以說，這群顧客買與不買的標準是不確定的，甚至是相互衝突的。我們的業務員在沒有充分了解這群人中各自扮演的角色之前，最好不要提供含有自己建議的商品需求標準，這可能不僅沒有任何正面效果，還會讓顧客群直接流失掉。

這時最聰明的辦法就是「擒賊先擒王」，找出這群人中能拍板的決策者或內行，決策者的特徵就是其他成員有什麼新的意見都會和他商量一下，決策人往往會統一最後的意見。另外，內行對商品的成交也有著決定性的作用。雖然內行不一定是那個購買商品的人，但他是購物的參謀長，很多時候只有經過他「法眼」的商品才會被團隊中的決策人所考慮。

剩下的就是找出出錢的人和將要購買這個商品的人。這兩個人也是不可忽視的，商品的價位、品質、款式等方面的因素會影響到這兩個人的利益，所以我們必須小心揣摩對待。

分清這個團隊中每個人的角色之後，我們要針對他們消費的每一個階段施以不同的對策：

◆ 團隊意見不一致階段

這時候業務員不能盲目發表自己的意見，免得惹人厭。由於這個階段團隊內部意見不一致，因此業務員只能先默默地聽團隊內所有人說完，聽出他們有分歧的內容，這期間要不斷配合笑容以表示理解。

◆ 逐一配合階段

團隊成員會經過討論才能達到意見的基本統一。因此在團隊中的每個人發表意見的時候，業務員可以隨聲附和以表示支持甚至補充一下意見人的觀點，尤其是對提高賣場利潤有利的時候。

◆ 融入其中協調意見統一階段

這時候團隊內的討論進行了一大半，業務員可以融入其中，將自己掌握的市場資訊和服裝資訊告訴大家，以彌補團隊中的盲點和一些人的疑慮。

◆ 角色最終確認階段

經過上述的努力，業務員應該能夠確定團隊中誰是決策人，誰是出錢人，誰是內行了。此外，順便找出比較順從自

第五章　客戶不經意的小動作，出賣其內心大祕密

己意見的人，這時候業務人員必須謙虛謹慎，更不可言過其實。

◆ 主攻拍板人和內行階段

這個時候業務員已經確定誰是決策者和內行，此時導購必須全力配合、說服甚至轉變內行和決策者的需求資訊，滿足決策者的要求，從而做到「擒賊先擒王」，順利成交。

牢記「250 定律」，不得罪客戶身邊的任何人

在推銷中，業務員往往盯住最有決策力的客戶，卻忽視了客戶身邊的人。殊不知，有時候，可能最不起眼的人卻在你的推銷程式中起著至關重要的作用。業務員每天都會面對各式各樣的客戶，客戶的性格、行為方式也決定了他的購買決策。有的客戶雖然自己握有大權，但總是喜歡聽一聽別人的意見，既可博採眾長，還可以樹立威望，誰不願有一個願意聽自己意見的上司呢？於是，當你的某一個無關緊要的行為觸怒了你這位客戶周圍的某一個人時，他就會利用他的這點影響力，極力歪曲你的產品和你這個人，如此，你又怎麼能夠成功呢？

有一位推銷殺蟲劑的推銷人員打算去拜訪一個農場的經理，平常該經理都在農場，但當天他恰巧不在。農場副經理很禮貌地向他詢問：「是否有我可以為您服務之處？」這位業務員的反應頗為冷淡。

不久之後，推銷紀錄顯示，這個農場不再向他們購買一向使用效果很好的消滅飛蛾劑。這位推銷人員火速趕去農場見經理，但一切都來不及了，因為該農場已轉向他的對手採

第五章　客戶不經意的小動作，出賣其內心大祕密

購另一種藥劑，而這兩種藥劑的功效都差不多。

「你們為什麼要更換呢？你們不是一向都很滿意我們的產品嗎？」推銷人員問。

「是的，我們過去是很滿意，但你們卻變更處方，新的處方效果就差一些了！」經理回答他。

推銷人員抗議：「沒有啊！我們一直都沒有變更處方！」

「你們一定變更了，我的副經理告訴我，現在的藥品都會塞住噴嘴，我們要花好幾個小時的時間來清理那些被堵塞的噴嘴。副經理還對我說，你的同行賣給我們的藥劑一點問題都沒有。」

業務界中有一個「250定律」，一個準客戶可能為你帶來250個潛在客戶，但這同時也意味著，一旦你得罪了一個人，那麼就有失去250個潛在客戶的風險。正如喬‧吉拉德所說：「你只要得罪一個人，就等於得罪了潛在的250位客戶。」因此，對於客戶身邊的人，無論他是做什麼的，都應該加以重視。

美國哲學家約翰‧杜威說：「人類心中最深遠的驅策力就是希望具有重要性。」每一個人來到世界上都有被重視、被關懷、被肯定的渴望，當你滿足了他的要求後，他被你重視的那一方面就會煥發出巨大的熱情，並成為你的朋友。

有位推銷強生公司生產的產品的業務員，他的客戶中有一家藥品雜貨店。每次他到這家店裡去的時候，總是先跟櫃

牢記「250 定律」，不得罪客戶身邊的任何人

檯的營業員寒暄幾句，然後才去見店主。有一天，他又來到這家商店，店主突然告訴他今後不用再來了，他不想再買強生公司的產品，因為強生公司的許多活動都是針對食品市場和廉價商店而設計的，對小藥品雜貨店沒有好處。這個業務員只好離開商店，他開著車子在鎮上轉了很久，最後決定再回到店裡，把情況說清楚。

走進店時，他照例和櫃檯的營業員打招呼，然後到裡面去見店主。店主見到他很高興，笑著歡迎他回來，並且比平常多訂了一倍的貨。業務員十分驚訝，不明白自己離開商店後發生了什麼事。店主指著櫃檯上一個賣飲料的男孩說：「在你離開店鋪以後，賣飲料的小男孩走過來告訴我，說你是到店裡來的業務員中唯一會和他打招呼的人。他告訴我，如果有什麼人值得做生意的話，應該就是你。」店主同意這個看法，從此成了這個業務員的忠實客戶。

喬‧吉拉德說：「我永遠不會忘記，關心、重視每一個人是我們業務員必須具備的素養。」在他的推銷生涯中，他每天都將 250 定律牢記在心，抱定生意至上的態度，時刻控制著自己的情緒，不因別人的刁難，或是自己情緒不佳等原因而怠慢客戶及其顧客身邊的任何人。

傑出的業務員法蘭克‧貝特格（Frank Bettger）也說，每次和客戶的祕書接洽時，便猶如和他的「左右手」一起工作。你會發現只要信任他們，誠懇地尊重他們，約會事宜總是可以順利完成。

第五章　客戶不經意的小動作，出賣其內心大祕密

　　他與這些祕書打交道的辦法通常是先設法查出祕書的名字，然後抄錄在備忘卡上以免忘記，和他們交談時，也盡量稱呼其名。打電話預約時便說：「瑪莉特小姐，早安！我是貝特格，不知您是否可替我安排今天或本週與哈斯先生面談，只要 20 分鐘。」

　　許多祕書或其他職員將擺脫業務員視為工作之一，但耍花招並非是應對拒絕的上上之策。無論你的推銷點子多麼新穎、口才多麼好，切勿用這些方法應付客戶的祕書或其他職員。相反，應給予他們充分的理解與尊重，這樣才能博得他們的好感，開啟通往客戶的第一扇門。

　　因此，業務員在與人相處時，要想受到歡迎，在真誠地關心客戶、重視客戶的同時也不要忽略了客戶身邊的人，以免為自己製造不必要的麻煩。

學會察覺客戶的消極暗示

有些時候，儘管業務員做出很多努力，但仍無法打動顧客。他們明確地用消極的訊號告訴你，自己並不感興趣。業務員與其繼續遊說，不如暫停言語，相機而動。

一般來說，如果一個顧客明顯做出下列表情，就說明他已經進入消極狀態：

◆ 眼神游離

如果顧客沒有用眼睛直視業務員，反而不斷地掃視四周的物體或者向下看，並不時地將臉轉向一側，似乎在尋找更有趣的東西，這就說明他對推銷的產品並不感興趣。如果目光呈現出呆滯的表現，則說明他已經感到厭倦至極，只是可能礙於禮貌不能立刻讓業務員走開。

◆ 表現出繁忙的樣子

假如顧客一見到業務員就說自己很忙，沒有時間，以後有機會一定考慮相關產品；或者在聽業務員解說的過程中不斷地看手錶，表現有急事的樣子，說明他可能是在應付業務員。

實際上，他很可能並沒有考慮過被推銷的產品，也不想

第五章　客戶不經意的小動作，出賣其內心大祕密

浪費時間聽業務員的解說。而如果業務員沒有足夠的耐心引導他進行購買，交易將很難成交。

◆ 言語表現

如果顧客既不回應，也不提出要求，更沒讓業務員繼續做出任何解釋，而是面無表情地看著業務員，說明顧客感到自己受夠了，這個聒噪的業務員可以立刻走人了。

◆ 身體的動作

顧客在椅子上不斷地動，或者用腳敲打地板，用手拍打桌子或腿、把玩手頭的物件，都是不耐煩的表現。如果開始打呵欠，再加上頭和眼皮下垂，四肢無力地癱坐著，就代表他感到業務員的話題簡直無聊透頂，他都要睡著了。即使硬說下去，也只會增加顧客的不滿。

面對顧客的上述表現，業務員可以做出最後一次嘗試，向顧客提出一些問題，鼓勵他們參與到推銷之中，如果條件允許，可以讓顧客親自參與示範、控制和接觸產品，以轉變客戶對產品冷漠的態度。

如果客戶的態度仍不為所動，你可以嘗試退一步的策略，即請顧客為公司的產品和自己的服務提出意見並打分，如果顧客留下的印象是正面的，或者下一次他想購買相關產品時，就會變成你的顧客。注意，在這一過程中，一定要保持自信、樂觀和熱情的態度，不應因為遭到拒絕而給客戶甩臉色。

敏銳地發現成交訊號

在與客戶打交道時,準確把握來自客戶的每一個資訊,有助於銷售的成功。準確掌握成交訊號的能力是優秀業務員的必備素養。

「沉默中有話,手勢中有語言。」有研究顯示,在人們的溝通過程中,要完整地表達意思或了解對方的意思,一般包含語言、語調和身體語言三個方面。幽默戲劇大師莎米說:「身體是靈魂的手套,肢體語言是心靈的話語。若是我們的感覺夠敏銳,眼睛夠銳利,能捕捉身體語言表達的資訊,那麼,言談和交往就容易得多了。認識肢體語言,等於為彼此開了一條直接溝通、暢通無阻的大道。」

著名的人類學家、現代非語言溝通首席研究員雷·比爾德維斯特爾認為,在兩個人的談話或交流中,口頭傳遞的訊號實際上還不到全部表達的意思的35%,而其餘65%的訊號必須透過非語言符號溝通傳遞。與口頭語言不同,人的身體語言表達大多是下意識的,是思想的真實反映。人可以「口是心非」,但不可以「身是心非」,據說,司法機關使用的測謊儀就是根據這個原理。以身體語言表達自己是一種本能,

第五章　客戶不經意的小動作，出賣其內心大祕密

透過身體語言了解他人也是一種本能，是一種可以透過後天培養和學習得到的「直覺」。我們談某人「直覺」如何時，其實是指他解讀他人非語言暗示的能力。例如：在報告會上，如果臺下聽眾耷拉著腦袋，雙臂交叉在胸前的話，臺上講演人的「直覺」就會告訴他，講的話沒有打動聽眾，必須換一種說法才能吸引聽眾。

因此，業務員不僅要業務精通、口齒伶俐，還必須會察言觀色。客戶在產生購買欲望後，不會直接說出來，但是會透過行動、表情洩露出來。這就是成交的訊號。

有一次，喬拉克在饒有興致地向客戶介紹產品，而客戶對他的產品也很有興趣，但讓喬拉克不解的是客戶時常看一下手錶，或者問一些合約的條款，起初喬拉克並沒有留意，當他的話暫告一個段落時，客戶突然說：「你的商品很好，它已經打動了我，請問我該在哪裡簽名？」

此時喬拉克才知道，客戶剛才所做的一些小動作，是在向他說明他的推銷已經成功，因此後面的一些介紹都是多餘的。相信很多業務員都有過喬拉克那樣的失誤。肢體語言很多時候是不容易思索的，要想準確解讀出這些肢體訊號，就要看你的觀察能力和經驗了。下面介紹一些銷售過程中常見的客戶肢體語言。

客戶表示感興趣的「訊號」：

- 微笑，真誠的微笑是喜悅的象徵。
- 點頭，當你在講述產品的效能時，客戶透過點頭表示認同。
- 眼神，當客戶以略帶微笑的眼神注視你時，表示他很讚賞你的表現。
- 雙臂環抱，我們都知道雙臂環抱是一種戒備的姿態。但是某些狀態下的雙臂環抱卻沒有任何惡意，比如：在陌生的環境裡，想放鬆一下，一般會坐在椅子裡，靠著椅背，雙臂會很自然地抱在一起。
- 雙腿分開，研究顯示，人們只有和家人、朋友在一起時，才會採取兩腿分開的身體語言。進行推銷時，你可以觀察一下客戶的坐姿，如果客戶的腿是分開的，說明客戶覺得輕鬆、愉快。

當客戶有心購買時，他們的行為訊號通常表現為：

- 點頭；
- 前傾，靠近業務員；
- 觸碰產品或訂單；
- 檢視樣品、說明書、廣告等；
- 放鬆身體；

第五章　客戶不經意的小動作，出賣其內心大祕密

- 不斷撫摸頭髮；
- 摸鬍子或者捻鬍鬚。

上述動作，或表示客戶想重新考慮所推薦的產品，或是表示客戶購買決心已定。總之，都有可能是表示一種「基本接受」的態度。

最容易被忽視的則是客戶的表情訊號。業務員與客戶打交道之前，所行事的全部依據就是對方的表情。客戶的全部心理活動都可以透過其臉部的表情表現出來，精明的業務員會依據對方的表情判斷對方是否對自己的話語有所反應，並積極採取措施達成交易。

客戶舒展的表情往往表示客戶已經接受了業務員的資訊，而且有初步成交的意向。

客戶眼神變得集中、臉部變得嚴肅說明客戶已經開始考慮成交。業務員可以利用這樣的機會，迅速達成交易。

在客戶發出成交訊號後，還要掌握以下小技巧，不要讓到手的訂單跑了：

◆ 有的問題，別直接回答

你正在對產品進行現場示範時，一位客戶發問：「這種產品的售價是多少？」

A. 直接回答:「150 元。」

B. 反問:「您確定要買嗎?」

C. 不正面回答價格問題,而是向客戶提出:「您要多少?」

如果你用第一種方法回答,客戶的反應很可能是:「讓我再考慮考慮。」如果以第二種方式回答,客戶的反應往往是:「不,我隨便問問。」第三種問話的用意在於幫助顧客下定決心,結束猶豫的局面,顧客一般在聽到這句話時,會說出他的真實想法,有利於我們對顧客心理防線的突破。

◆ 有些問題,別直接問

客戶常常有這樣的心理:「輕易改變主意,顯得自己很沒主見!」所以,要注意給客戶一個「臺階」。你不要生硬地問客戶這樣的問題:「您下定決心了嗎?」「您是買還是不買?」儘管客戶已經覺得這商品值得一買,但你如果這麼一問,出於自我保護,他很有可能一下子又退回到原來的立場上去了。

◆ 該沉默時就沉默

「你是喜歡甲產品,還是喜歡乙產品?」問完這句話,你就應該靜靜地坐在那裡,不要再說話 —— 保持沉默。沉默技巧是推銷行業裡廣為人知的規則之一。你不要急著打破沉

第五章　客戶不經意的小動作，出賣其內心大祕密

默，因為客戶正在思考和做決定，打斷他們的思路是不合適的。如果你先開口的話，那你就有失去交易的危險。所以，在客戶開口之前你一定要耐心地保持沉默。

潛在客戶自己會說話

在尋找推銷對象的過程中,業務員必須具備敏銳的觀察力與正確的判斷力。細緻觀察是挖掘潛在客戶的基礎,業務員應學會敏銳地觀察別人,多看多聽,多用腦袋和眼睛,多請教別人,然後利用有的人喜歡自我表現的特點,正確分析對方的內心活動,吸引對方的注意力,以便激發對方的購買需求與購買動機。

一般來看,推銷人員尋找的潛在客戶可分為甲、乙、丙三個等級,甲級潛在客戶是最有希望的購買者;乙級潛在客戶是有可能的購買者;丙級潛在客戶則是希望不大的購買者。面對錯綜複雜的市場,業務員應當培養自己敏銳的洞察力和正確的判斷力,及時發現和挖掘潛在客戶,並加以分級歸類,區別情況不同對待,針對不同的潛在客戶施以不同的推銷策略。業務員應當做到眼明腦精、手勤腿快,隨身準備一本記事筆記本,只要聽到、看到或經人介紹一個可能的潛在客戶時,就應當及時記錄下來,從單位名稱、產品供應、聯絡地址到已有信譽、信用等級,然後加以整理分析,建立「客戶檔案庫」,做到心中有數,有的放矢。只要業務員能夠

第五章　客戶不經意的小動作，出賣其內心大祕密

使自己成為一名「有心人」，多跑、多問、多想、多記，那麼客戶是隨時可以發現的。

有一次，原一平下班後到一家百貨公司買東西，他看中了一件商品，但覺得太貴，拿不定主意要還是不要。

正在這時，旁邊有人問售貨員：「這個多少錢？」問話的人要的東西跟原一平要的東西一模一樣。

「這個要3萬元。」女售貨員說。

「好的，我要了，麻煩妳給我包起來。」那人爽快地說。原一平覺得這人一定是有錢人，出手如此闊綽。

於是他心生一計：何不跟蹤這位客戶，以便尋找機會為其服務？

原一平跟在那位客戶的背後，發現那個人走進了一幢辦公大樓，大樓保全對他甚為恭敬。原一平更堅定了信心，這個人一定是位有錢人。

於是，他去向保全打聽。

「你好，請問剛剛進去的那位先生是⋯⋯」

「你是什麼人？」保全問。

「是這樣的，剛才在百貨公司時我掉了東西，他好心地撿起來給我，卻不肯告訴我大名，我想寫封信感謝他。所以，請你告訴我他的姓名和公司的詳細地址。」

「哦，原來如此。他是某某公司的總經理⋯⋯」

就這樣,原一平又得到了一位客戶。生活中處處都有機會,原一平總是能及時把握生活中的細節,絕不會讓客戶溜走。這也是他成為「推銷之神」的原因。

業務員應當像原一平一樣,養成隨時發現潛在客戶的習慣,因為在市場經濟社會裡,任何一個企業、一家公司、一個單位和一個人,都有可能是某種商品的購買者或某項勞務的享受者。對於每一個業務員來說,他所推銷的商品散布於千家萬戶,走向各行各業,這些個人、企業、組織或公司不僅出現在業務員的市場調查、推銷宣傳、上門走訪等工作時間內,更多的機會則是出現在業務員的八小時之外,如上街購物、週末郊遊、出門做客等。因此,一名優秀的業務員應當隨時隨地細心觀察,把握機會,客戶無時不在、無處不有,只要努力不懈地去發現、去尋找,那麼你的身邊處處都有客戶的身影。

這是原一平給業務員們的忠告,也是任何一個成功業務員的偉大之處。

第五章　客戶不經意的小動作，出賣其內心大祕密

不是客戶少，
而是你缺少一雙發現的眼睛

經常有業務員抱怨客戶不好找，能真正下訂單的客戶更是難上加難，他們總覺得客戶幾乎已經被開發殆盡了，事實果真如此嗎？

素有日本「推銷之神」美稱的原一平告訴我們：「作為業務員，客戶要我們自己去開發，而找到自己的客戶則是搞好開發的第一步。只要稍微留心，客戶便無處不在。」他一生中都在孜孜不倦地用心尋找著客戶，在任何時間、任何地點，他都能從身邊發現客戶。有一年夏天，公司組織員工外出旅遊。

在熊谷車站上車時，原一平的旁邊坐著一位約三十四五歲的女士，帶著兩個小孩，大一點的好像六歲，年齡小的大概三歲，看樣子這位女士應該是一位家庭主婦，於是他便萌生了向她推銷保險的念頭。

在列車臨時停站之際，原一平買了一份小禮物送給他們，並同這位女士閒談了起來，一直談到小孩的學費。

「您先生一定很愛您，他在哪裡高就？」

「是的，他很優秀，每天都有應酬，因為他在Ｈ公司是一個部門的負責人，那是一個很重要的部門，所以沒時間陪我們。」

「這次旅行準備到哪裡遊玩?」

「我計劃在輕井車站住一宿,第二天坐快車去草津。」

「輕井是避暑勝地,又逢盛夏,來這裡的人很多,你們預訂房間了嗎?」

聽原一平這麼一提醒,她有些緊張:「沒有。如果找不到住的地方那可就麻煩了。」

「我這次旅遊的目的地就是輕井,也許能夠幫到您。」

她聽後非常高興,並愉快地接受了原一平的建議。隨後,原一平把名片遞給了她。到輕井後,原一平透過朋友為他們找到了一家飯店。

兩週以後,原一平旅遊歸來。剛進辦公室,他就接到那位女士的丈夫打來的電話:「原先生,非常感謝您對我妻子的幫助,如果不介意,明天我請您吃頓便飯,您看怎麼樣?」他的真誠讓原一平無法拒絕。

第二天,原一平欣然赴約。飯局結束後,他還得到了一大筆保單——為他們全家四口人購買的保險。

生活中,客戶無處不在。如果你再抱怨客戶少,不妨思考一下:原一平為什麼在旅遊路上仍能發現客戶?因為他時刻保持著一份職業心,留心觀察身邊的人和事。由此可見,不是客戶少,而是你缺少一雙發現客戶的眼睛。隨時留意、關注你身邊的人,或許他們就是你要尋找的準客戶。

第五章　客戶不經意的小動作，出賣其內心大祕密

第六章
靈活運用心理學技巧,讓客戶不好拒絕

第六章　靈活運用心理學技巧，讓客戶不好拒絕

將客戶的拒絕轉化為肯定

在諸多問題中，你首先必須回答的問題就是：「我為什麼要聽你說？」潛在客戶是個大忙人，而且會不斷有人前來向他推銷產品，他為什麼要聽你說？

因此，你的開場白一定要談到你公司產品的概念、利益以及使用結果。你應該站到客戶的立場，並且直接指出客戶在使用你的產品或服務之後能享受到的主要利益。舉例來說，你可以一開始就說：「我相信我有辦法能夠為貴公司省下一大筆經費。」

有個做員工培訓的人，打電話去拜訪某公司，在促銷自己的教育訓練課程計畫時，劈頭就問：「你對一種已經證實能在6個月當中，增加銷售業績達20%～30%的方法感興趣嗎？」

假如你開始的問題措辭很恰當，那麼就會從潛在客戶那裡引出第二個問題，你必須能成功回答這個問題，才能獲得會面的機會。這個問題就是：「那會是什麼方法呢？」

舉例來說，如果你問：「假如讓你能夠在品質及效率都沒有損失的情況下，降低20%的紙張成本，您會有興趣嗎？」如果未來客戶對你的回答是：「我沒有興趣。」或是「這不歸我管。」這只是他或她根據你提出的問題做出的回答，並不

表示你目前拜訪的對象是錯誤的。只要把這當成是對你所提出問題的一種回答就好。

客戶通常都會在電話中一而再、再而三地不斷拒絕見面，這是每一個業務員都會遇到的事情。在銷售過程中，會遇到許多拒絕方式。下面就針對不同的拒絕提出了相應的建議以供參考。

1.「我沒時間！」

那麼你可以說，「我理解。我也老是時間不夠用。不過，只要 3 分鐘，你就會相信，這是個對你絕對重要的議題……」

或者這樣說：「先生，美國富豪洛克斐勒說過，每個月花一天時間在錢上好好盤算，要比整整 30 天都工作來得重要！我們只要花 25 分鐘的時間！麻煩您定個日子，選個您方便的時間！我星期一和星期二都會在貴公司附近，所以可以在星期一上午或者星期二下午來拜訪您！」

2.「你這是在浪費我的時間。」

那麼你可以說：「如果您看到這個產品會給您的工作帶來一些幫助，您肯定就不會這麼想了。很多顧客在使用了我們的產品後，在寄回的『顧客意見回執』中，對我們的產品都

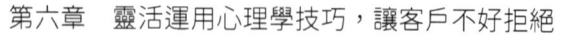

第六章　靈活運用心理學技巧，讓客戶不好拒絕

給予了很高的評價，因為產品真正幫助他們有效地節省了費用，提高了效率。」

3.「抱歉，我沒有錢！」

那麼你可以說：「先生，我知道只有你才最了解自己的財務狀況。不過，現在先好好做個全盤規劃，對將來才會最有利！我可以在星期一或者星期二過來拜訪嗎？」或者說：「我了解。要什麼有什麼的人畢竟不多，正因如此，我們現在推薦一種方法，用最少的資金創造最大的利潤，這不是對未來的最好保障嗎？在這方面，我願意貢獻一己之力，可不可以下星期三，或者週末來拜見您呢？」

4.「目前我們還無法確定業務發展會如何。」

那麼你可以說：「先生，我們先不要擔心這項業務日後的發展，您先參考一下，看看我們的供貨方案優點在哪裡，是否可行。我是星期一來造訪，還是星期二比較好？」

5.「我們會再跟你聯絡！」

那麼你可以說：「先生，也許您目前不會有什麼太大的意願，不過，我還是很樂意讓你了解，要是能參與這項業務，對你會大有裨益！」

6.「要做決定的話,我得先跟合夥人談談!」

那麼你可以說:「我完全理解,先生,我們什麼時候可以跟您的合夥人一起談?」

7.「說來說去,還是要推銷東西?」

你可以說:「我當然是很想銷售東西給您,不過,正是能帶給您好處才會賣給您。關於這一點,我們要不要一起討論研究看看?我是下星期一來,還是您覺得我星期五過來比較好?」

8.「我要先好好想想。」

你可以說:「先生,其實相關的重點我們不是已經討論過了嗎?容我直率地問一句:您顧慮的是什麼?」

類似的拒絕自然還有很多,我們無法一一列舉出來,但是,處理的方法都是一樣的,那就是把拒絕轉化為肯定,讓客戶拒絕的意願動搖,你就能夠乘機跟進,引導客戶接受你的建議。

第六章　靈活運用心理學技巧，讓客戶不好拒絕

利用承諾一致心理防止客戶變卦

《百科全書》是一套由25本書構成的工具類百科全書，公司規定，客戶簽約購買後，如果認為不符合要求，在不損害品質的情況下，15天內公司可以為其辦理退款。而大部分業務人員的退貨率高達70%，卻有一部分業務人員，他們的退貨率僅僅為25%，為什麼？

「當客戶決定購買並簽訂合約，付款前我通常會問兩個額外問題，第一個是：透過了解，您覺得這套百科全書對孩子有幫助嗎？』因為在介紹過程中客戶已經認可，所以，客戶會說非常有用。第二個是：『在未來的兩個月內，您會堅持每天找到一個孩子感興趣的條目講解給他嗎？』因為介紹過程中講到了習慣的養成及堅持的好處，客戶會回答說願意堅持每日講解，直到孩子養成習慣。這兩個問題，讓我的客戶退貨率控制在25%以下。」這是為什麼？

承諾一致性原理，讓人做出承諾，他就有了必須言行一致的壓力。

古今中外，在人類的文化裡，始終如一是一種代表誠信的優秀品格。一旦下定決心，我們就會找出很多理由說服自己堅持完成。這在心理學上的表現就是承諾一致性原理。一旦選擇了某種立場，人們一定會捍衛下去，因為一致性在製

造著壓力,這種壓力迫使人們產生與承諾一致的行為。而且,人們會一直說服自己所做的選擇是正確的,並用行動證明,這樣感覺才會良好。

聽朋友說劉先生剛剛喬遷新居,業務員大喜料想他肯定會淘汰舊的家電,換一套新的家電設備。但是當大喜上門推銷公司新推出的一種套裝家電的時候,李先生家僅僅只剩下一臺洗衣機沒有更換。

大喜意識到全套家電是不可能賣出去了,但是既然來了,大喜還是決定爭取一下,於是就詳細地講解了日立的各種電器。在講解過程中,大喜發現劉先生一家果然對洗衣機非常感興趣,於是就推薦了公司新推出的一款洗衣機。

儘管劉先生及家人都非常喜歡這款洗衣機,但是對業務員的防備心理還是讓劉先生對大喜產生了質疑,決定暫時不買大喜推銷的洗衣機。於是劉先生很委婉地對大喜說:「實在不好意思啊,雖然我們都很喜歡你推銷的家電,但是我們不能因為喜歡洗衣機就讓你把這套家電拆開來賣,這樣可能會對你和你們公司造成很大的損失。」

聰明的大喜意識到,這是劉先生在拒絕自己,但是他才不那麼笨呢!聰明絕頂的大喜趁機反問劉先生:「如果這套家電可以拆開賣,您會選擇購買嗎?」

劉先生繼續委婉地說:「那是最好不過的了,但是我們也不想為難你。」

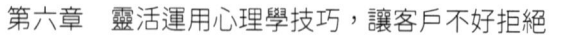

第六章　靈活運用心理學技巧，讓客戶不好拒絕

大喜再次確定：「您是說如果刻意拆開來賣，您還會選擇購買？」

劉先生點點頭。

看到客戶已經做出了承諾，大喜立即抓住機會說：「您稍等，我向公司請示一下。」

結果可想而知，主管同意後，大喜欣喜地告訴劉先生說：「上頭已經同意將這套家電拆開來賣。恭喜您，可以買到您喜歡的洗衣機。」

想到有承諾在先，劉先生此時也不好再說什麼，只能選擇購買了。

一言既出，駟馬難追。承諾一旦做出，就很難悔改。引誘客戶做出承諾，不僅能防止客戶變卦，還能讓他受到一種無形力量的牽制，在承諾一致的心理底線要求下做出購買行動。

在銷售過程中直截了當要求客戶購買自己的產品只是匹夫之勇，畢竟銷售是智商情商的較量，不使出點小技巧來是很難做出銷售業績的。我們在銷售的過程中可以引導客戶許下承諾，等到時機成熟的時候，再用客戶當初的承諾促使其兌現購買承諾。即使客戶此時已經意識到自己當初輕易許下諾言是不理智的行為，但是他們為了保持自己的言行一致，也很難拒絕業務員的再次推銷。對大部分人來說，保持言行

一致的形象遠遠要比損失一些金錢更重要,何況他們僅僅是購買了一些對自己有利無害的產品,並沒有損失金錢。

　　利用承諾一致的小技巧,會讓我們原本艱難推銷的過程變得簡單起來,我們要根據實際情況將這一小技巧巧妙地運用到現實的銷售過程中來。

第六章　靈活運用心理學技巧，讓客戶不好拒絕

故意賣關子，給客戶製造懸念

在市區召開的食品訂貨會上，A集團推出了新的健康食品。別的廠商紛紛設攤拉客，爭取客戶，而他們卻只派人舉著「只找代理，不訂貨」的牌子在場內走動。結果兩天就有上百家公司代表上門洽談業務，成交額驚人。

上面這個成功的案例，在於公司成功地運用了客戶的反向與好奇心理：你們的產品越多，越急於讓我買，我越不買；你越對產品「遮遮攔攔」，我越好奇，非要弄個清楚明白不可。

業務員在推銷過程中也可以利用客戶的這種心理來吊足客戶的胃口，從而達到「姜太公釣魚──願者上鉤」的效果。

日本推銷之神原一平說：「我要求自己的談話要適可而止，就像要給病人動手術的外科醫生一樣，手術之前打個麻醉針，而我的談話也是麻醉一下對方，給他留下一個懸念就行了。」為了有效地利用時間，與準客戶談話的時候，原一平盡量把時間控制在兩三分鐘內，最多不超過10分鐘。因為客戶的時間有限，原一平每天安排要走訪的客戶很多，所以必須節省談話的時間。

故意賣關子，給客戶製造懸念

在這種情況下，原一平經常「話」講了一半，準客戶正來勁時，就藉故告辭了。「哎呀！我忘了一件事，真抱歉，我改天再來。」面對他的突然離去，準客戶會以一臉的詫異表示他的意猶未盡。雖然突然離去是相當不禮貌的行為，但是故意賣個關子，給客戶製造一個懸念，這樣常會收到意想不到的效果。

對於這種「說」了就走的「連打帶跑」的戰術，準客戶的反應大都是：「哈！這個業務員時間很寶貴，話講一半就走了，真有意思。」等到下一次他再去訪問時，準客戶通常會說：「喂，你這個冒失鬼，今天可別又有什麼急事啊！……」

客戶笑，原一平也跟著笑。於是他們的談話就在兩人齊聲歡笑中順利地展開了。其實，原一平根本沒什麼急事待辦，他是在耍招、裝忙、製造笑料以消除兩人間的隔閡，並博得對方的好感。談話時間太長的話，不僅耽誤對其他準客戶的訪問，最糟的是會引起被訪者的反感。那樣的話，雖然同樣是離去，一個主動告辭，給對方留下「有意思」的好印象；另一個被人趕走，給對方留下不好的印象。

原一平這種獨特的辦法是根據自己的性格制定出來的，並不代表每個業務員都可以照搬來用，但這種方法的核心「抓住客戶的好奇心，吊足客戶的胃口」卻是業務員必須領會的，你可以結合自己的特點制定出一套別具風格的「吊」的方法。然後在恰當的時機，給他的好奇心一個滿足，那麼你的推銷將變得輕鬆而愉快。

第六章　靈活運用心理學技巧，讓客戶不好拒絕

讓客戶感覺占了便宜

人們在消費時總是存在心理上的不平衡，總是認為自己是吃虧的，賣家總是占便宜的。作為客戶當然希望少花錢、多辦事。反過來，如果你能利用人人都想占便宜的心理，你也就能取得主動權，獲取利潤。

在某些商場中擺放同樣的物品，僅僅一方標註的是處理品，一方是正品，價格有變化，消費者往往容易購買處理商品，儘管有些並不是自己必需的。實際上，商家走的是薄利多銷的路線。這也是利用客戶貪小便宜的心理。布魯斯・艾里斯是美國內華達州房地產專家，認為有時候自我貶低的果斷的說法往往出奇制勝。

在房地產業務中，經常需要用你的車帶客戶去看房子，不要為省汽油、斤斤計較而乘客戶的車去。在他們的車裡你沒有主動權，他們能夠決定什麼時候結束參觀，因為他們時刻都保持著主動權。

在去看房子的路上，不要選擇沿途破敗不堪的路走，要選擇景色優美的路線。不要把有限的時間用在閒談上，而要否定地消極地去談這幢房子：「它確實價值不菲，還需要內外噴漆、刷漿。」

讓客戶感覺占了便宜

如果你不在去的路上向他提出,客戶就會在到達後向你提出,要把「彈藥」從他們身邊拿走。

如果那房子不好,把它說得更糟:「牆已變得這樣,地毯還需要那樣,草坪上的草有這麼高,真的需要大費周折,條件真是壞透了,不過我可以告訴您,價錢要比普通市價低12,000 美元。」

當他們到達時,他們會為這個價格感到興奮,當看到房子時更會抑制不住地說:「你知道嗎,它並不是那麼糟糕。」

如果你事先沒有告訴他們,他們會在接下來的15 分鐘向你嘮叨不停、怨聲載道──他們不得不為維修付一大筆錢。

當客戶看房子時,讓客戶隨時隨地告訴你任何他們不喜歡的地方,去感覺他們最滿意的部分──優雅的書房、可愛的廚房、用餐室,看完所有的部分後再返回去找最吸引他們的地方,要使他們最後的記憶變得美好。

你知道廚房有一個微波爐,但你並不指出來,說:「嗨,這房子具備你們所想要的所有特點──可愛的書房,完全現代化的廚房,幾乎應有盡有,等一下,我不記得是否有個微波爐,你注意到了嗎?」

如果他沒有發現,讓他返回到廚房,然後對你說:「嘿!這裡有個微波爐,它竟然還帶著個微波爐!」讓客戶自己發覺占了便宜,你就更容易達到你的目的。

第六章　靈活運用心理學技巧，讓客戶不好拒絕

利用關係行銷：先交朋友，再談生意

　　湯瑪斯是一位保險經紀人，高爾夫球是他最喜歡的娛樂之一，在打高爾夫球時，總能得到徹底放鬆。在上大學期間，湯瑪斯是格羅斯高爾夫球隊的隊長。雖然如此，但他的首要原則就是在打高爾夫時不談生意，儘管接觸的一些極好的客戶事實上就是他所在的鄉村俱樂部的會員。湯瑪斯習慣於把個人生活與生意區分開來，他絕不希望人們認為他利用關係來推銷。也就是說，在離開辦公室後，湯瑪斯不會把個人的娛樂與生意攪在一起。

　　湯瑪斯這樣做並不是說所有的高爾夫球伴都不是他的客戶，只是說他從不積極地慫恿他們和他做生意。但從另一個角度來講，當他們真心要談生意時，湯瑪斯也從不拒絕他們。

　　吉米是一家建築公司的經理，該公司很大而且能獨自提供用於汽車和家具的彈簧。

　　湯瑪斯與吉米在俱樂部玩高爾夫球雙人賽。他們在一輪輪比賽中玩得很高興。後來，他們就經常在一塊玩了。他們倆球技不相上下，年齡相仿，興趣相投，尤其在運動方面。隨著時間的推移，他們的友誼逐漸加深。

　　很顯然吉米是位再好不過的潛在顧客。既然吉米是位成

功的商人,那麼跟他談論生意也就沒有什麼不正常。然而,湯瑪斯從未向吉米建議做他的證券經紀人。因為,那樣就違背了湯瑪斯的原則。

湯瑪斯和吉米有時討論一些有關某個公司某個行業的問題。有時,吉米還想知道湯瑪斯對證券市場的總體觀點。雖然從不迴避回答這些問題,但湯瑪斯也從未表示非要為他開個戶頭不可。

吉米總是時不時地要湯瑪斯給他一份報告,或者他會問:「你能幫我看看佩思尼‧韋伯的分析嗎?」湯瑪斯總是很樂意地照辦。

一天,在晴朗的藍天下,吉米把手放在湯瑪斯肩膀上說:「湯瑪斯,你幫了我不少忙,我也知道你在你那行做得很出色。但你從未提出讓我成為你的客戶。」

「是的,吉米,我從未想過。」

「那麼,湯瑪斯,現在告訴你我要做什麼,」他溫和地說,「我要在你那裡開個帳戶。」湯瑪斯笑著讓他繼續說下去。

「湯瑪斯,就我所知,你有良好的信譽。就以你從未勸我做你的客戶這點來看,你很值得敬佩,實際上我也基本遵守這一點。我同樣不願意與朋友在生意上有往來。現在既然我這樣說了,我希望你能做我的證券經紀人,好嗎?」

接下來的星期一上午,吉米在辦公室打電話給湯瑪斯開了個帳戶。隨後,吉米成了湯瑪斯最大的客戶。他還介紹了幾個家庭成員和生意往來的人,讓他們也成了湯瑪斯的

第六章 靈活運用心理學技巧，讓客戶不好拒絕

客戶。作為一個優秀的業務員，應該了解何時該「溫和地推銷」，何時該默默地走開。

富裕的人總是對他人保持提防的態度，對於這些極有潛力的未來客戶，業務員應該盡力接近他們而不是讓他們從一開始就抱有戒心，相互信任是關係行銷的最高境界。

就像這個案例中的湯瑪斯，喜歡打高爾夫球，也因此結識了很多有實力的客戶，但他並沒有利用這個機會去推銷，而是把個人娛樂和生意分開，與球伴建立了很好的關係，這是建立信任、贏得客戶好感的一種典型策略，它也常常能取得非常好的效果。湯瑪斯贏得了與他一起打球的某公司的總經理吉米的敬佩，對方主動要求與他做生意，於是，吉米成了湯瑪斯最大的客戶。

這樁看似輕而易舉的生意，其實是因為與客戶長期接觸、贏得了客戶的信任與尊重而獲得的。這其中，與潛在客戶長期接觸時的言談尤其重要，不能流露出功利心，這也是湯瑪斯取得成功的關鍵。

可見，強硬推銷的結果必是遭到拒絕，而經過一段時間發展得來的關係會更長久。作為業務員，不妨借鑑一下湯瑪斯的做法，先取得潛在客戶的信任，生意自然水到渠成。

用「接近的技巧」，
縮小與客戶的心理距離

曉飛是一個非常精明的業務員，有一次他去百貨公司買褲子的時候，售貨小姐立刻拿皮尺走過來說：「我幫您量一下尺寸吧！」

曉飛立即意識到：「她的技巧真不錯，我是上當了。」因為當售貨小姐幫她量尺寸的時候，售貨員必須與他靠得很近，有時甚至要接近到情侶之間才可以達到的距離，所以會使曉飛產生了好像與親人在一起的感覺，逐漸被她催眠，這時的曉飛就很難拒絕售貨小姐向自己推銷的服飾了。因為人的心理距離會透過空間距離表現出來，而空間距離會影響人的心理距離。

那些走在一起、坐在一起的人，一定是關係非常熟悉或較為親密的人。他們或許是在部門裡朝夕相處並建立了良好關係的同事，也可能是在開會或公司其他活動中，偶然坐在一起並互生好感的其他同事。而人們下意識遠離的人，要麼是職位相差很遠；要麼是彼此接觸很少，感到陌生；或者是彼此不欣賞甚至不喜歡。

每個人都有一個無形的「自我保護圈」，也稱為「安全範

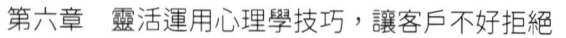

第六章　靈活運用心理學技巧，讓客戶不好拒絕

圍」。一般情況下，在自己的「安全範圍」裡活動就會覺得很安全，而且只有自己最親近的人才可以接近。如果一旦有人走進了這個「安全範圍」，就可以證明他們是非常親密的人。而對於陌生人來講，當你處於他的安全範圍之外時，對方就不會產生警惕和戒備心理；如果你走進他的安全範圍之內，對方就會感覺到不安，並試圖拉開你們之間的距離。但當你已成功地進入了對方的安全範圍之內，則往往就會使對方產生你是自己親密的人的錯覺。

銷售也是同樣的道理，如果要得到客戶的信任，在空間上做一些改變，會產生意想不到的催眠效果。業務員在推銷產品的過程中，更換位置也是出於同樣的道理。

當業務員與消費者面對面而坐，消費者面對產品舉棋不定，這時，如果業務員以更好地展示產品為藉口，移到消費者身邊與他（她）並肩而坐，以非常靠近的方式來說服他（她），消費者就很可能被一種很親密的溫暖所催眠，答應買下產品。

要想消除對方的警戒心，縮小彼此的心理距離並不難，只要你善於利用「接近的技巧」。找個理由靠近對方，與他（她）肩並肩地坐著，你會發現，事情就在無形之中有了轉機。當然，需要非常注意的是，在拉近心理距離的時候要表現得似有似無，要有技巧。不能太明顯，更不能讓客戶覺得你在性騷擾。

206

有智慧的人都是先聽後說

人人都喜歡被他人尊重,受到別人重視,這是人性使然。當你專心地聽,努力地聽,甚至是聚精會神地聽時,客戶就會有被尊重的感覺,因而可以拉近你們之間的距離。卡內基曾說:專心聽別人講話的態度,是我們所能給予別人的最大讚美。不管對朋友、親人、上司、下屬,傾聽有同樣的功效。

有一次,一位客戶去向一位很優秀的業務員查理買車,查理為他推薦了一種最好的車型,客戶對車很滿意,並掏出1萬美元打算做定金。眼看生意就要成交了,對方卻突然變卦,掉頭離去。

對方明明很中意那輛車,為什麼改變了態度呢?查理為此事懊惱了一下午,百思不得其解。到了晚上11點,他忍不住按照聯絡簿上的電話號碼打電話給那位客戶。

「您好!我是查理,今天下午我曾經向您介紹一輛新車,眼看您就要買下,卻突然走了。」

「喂,您知道現在是什麼時候嗎?」

「非常抱歉,我知道現在已經是晚上11點鐘了,但是我檢討了一下午,實在想不出自己錯在哪裡,因此特地打電話向您討教。」

第六章　靈活運用心理學技巧，讓客戶不好拒絕

「真的嗎？」

「肺腑之言。」

「很好！你在用心聽我說話嗎？」

「非常用心。」

「可是今天下午你根本沒有用心聽我講話。就在簽字之前，我提到小兒子的學科成績、運動能力以及他將來的抱負，我以他為榮，但是你卻毫無反應。」

查理確實不記得對方說過這些事情，因為當時他認為已經談妥那筆生意了，根本沒有在意對方還在說什麼，而是在專心地聽另一個同事講笑話。

很顯然，查理之所以失去這個客戶，正是因為他沒有領會到聽的重要性。

在行銷溝通過程中發揮聽的功效更是一種特殊技巧，因為客戶提供的線索和客戶的肢體語言是看不見的。在每一通電話當中，聆聽的技巧，非常關鍵。尤其在電話行銷當中，聽要比說更加重要。善於有效地傾聽是電話溝通成功的第一步。所有的人際交往專家都一致強調，成功溝通的第一步就是要學會傾聽。有智慧的人，都是先聽再說，這才是溝通的祕訣。

在電話中，你要用肯定的話對客戶進行附和，以表現你聽他說話的態度是認真而誠懇的。你的客戶會非常高興你心

無旁騖地聽他講話。根據統計資料,在工作中和生活中,人們平均有 40% 的時間用於傾聽。事實上,在日常生活中,傾聽是我們自幼學會的與別人溝通能力的一個組成部分。它讓我們能夠與周圍的人保持接觸。失去傾聽能力也就意味著失去與他人共同工作、生活、休閒的可能。

所以,在行銷中,發揮聽的功效是非常重要的,聽得越多,聽得越好,就會有更多更好的人喜歡你、相信你,並且要跟你做生意。他們越想跟你交流,你就越能獲得更佳的人緣。成功的聆聽者永遠都是最受人歡迎的。

在行銷中,一定要發揮聽的功效,這樣才能使客戶無所顧慮地說出他想說的話。這樣不僅讓客戶覺得自己受到了重視,而且還能使你獲得更多的客戶資訊。

第六章　靈活運用心理學技巧，讓客戶不好拒絕

一點點地使客戶立場站不住腳

在與客戶每一次的談判中都會有滿足和不滿足的因素存在，雙方都會出現一些需要克服的反對意見。面對反對意見，你用什麼方法來解決，將直接影響你與客戶談判的成功與否。

戴爾先生曾和一位珠寶商交涉，戴爾先生妻子的視力不太好，她所使用的手錶的指標，長短針必須分得非常清楚才行，可是這種手錶非常難找。他們費盡了心力，總算在那位珠寶商的店裡找到一支戴爾太太能夠看得清楚的手錶，但是，那支手錶的外觀實在是不盡如人意。也許是由於這個緣故，這支手錶一直賣不出去。就200元的定價而言似乎貴了一些。

戴爾先生告訴珠寶商，這支手錶200元太貴了。

珠寶商告訴戴爾先生，這支手錶的價格是非常合理的。因為這支錶精確到一個月只差幾秒。

戴爾先生告訴他，時間精確與否並不很重要。為了證明自己的觀點，戴爾先生還拿出了他妻子的天美時錶讓珠寶商看：「她戴這支10塊錢的手錶已經有7年了，這支錶一直是很管用的。」

珠寶商回答:「喔!經過7年時間,她應該戴支名貴的手錶了。」

議價時,戴爾先生又指出這支手錶的樣式不好看。

珠寶商卻說:「我從來沒有見過這麼一支專門設計給人們容易看的手錶。」

最後,他們以150元成交。

處理對方的反對意見時要圓滑、委婉,不至於使談判陷入僵局。要運用削弱客戶立場的方法來掌控客戶。練習以下的9個步驟,也許會為你成為談判高手提供一些幫助。

第一步:在和客戶談判之前,先寫下自己產品和其他競爭產品的優點和缺點。

第二步:記下一切你能想到的、可以被客戶挑剔的缺點或考慮不周之處。

第三步:讓朋友或同仁盡量提出反對的意見。練習回答這些反對的意見。

第四步:當客戶提出某項反對意見時,要在回答之前,了解問題的癥結。

第五步:當你了解問題的癥結後,前後權衡一下,看看問題是否容易應付。若是容易應付的反對意見,便可以利用現有的證據加以反駁。

第六章　靈活運用心理學技巧，讓客戶不好拒絕

第六步：利用反問來回答客戶，誘導客戶回答「是」。例如：你推銷汽車時不妨詢問客戶：「你是不是正在為昂貴的維修費煩惱著？」而客戶的回答很可能是肯定的。既然客戶不喜歡昂貴的汽油費和維修費，那麼你就可以乘機向客戶介紹你轎車的優點了，這是一個再好不過的機會。

第七步：不要同意客戶的反對意見，這樣會加強客戶的立場。汽車業務員如果說：「是的，我們生產的轎車維修費用是很高的，但是……」如此之舉就屬於不明智了。

第八步：假如客戶所提出的反對意見是容易應付的，你可以立刻拿出證明來，同時還可以要求客戶同意。

第九步：假如客戶所提出的反對意見令你非常棘手，那麼你就要以可能的語氣來回答，然後再指出一些對客戶更有利的優點。

假設成交，
引導客戶產生強烈的購買動機

在行銷過程中，我們一定要做一個假設成交。因為假設成交會非常有效果。在假設成交的過程中，你要做一個對顧客有很大幫助的假設。

「xx 先生，您平時參加過這樣的培訓嗎？」

「參加過一個『生涯規劃』的培訓。」

「我們提供的培訓可以幫助、指導您未來 30 年的發展路線，你可以像看電腦的發展趨勢一樣看到您的收入、健康、人際關係等的發展趨勢。假如您可以透過這個課程完全掌控自己的整個人生過程和細節，透過您自己對這個課程的認識和了解，幫助您的生命實現重大的成長和跨越，您有沒有興趣想了解一下？」

「想。」

「xx，想像一下，假如今天您參加了這樣一個課程，它可以幫助您建立更好的人際關係，幫助您更加清晰地明確一年的目標、五年的目標、十年的目標以及您今後要做的事情，幫助您的家庭和孩子，變得更加舒適和安康，您覺得這樣好不好？」

第六章　靈活運用心理學技巧，讓客戶不好拒絕

「非常好！」

「所以，如果說您還沒有嘗試，您願不願花一點時間嘗試一下呢？」

「願意。」

「如果當您嘗試的時候，發現它確實可用，您會不會堅持使用它呢？如果您堅持的話，會不會因為您的堅持而一天比一天更好呢？因為每天進步一點點是進步最快的方法，您說是不是？」

「是的。」

「所以，假如今天您來參加這3天的課程，有可能對您和您的家人都有幫助，是吧？」

上述介紹正是用了一套假設成交的方法在溝通。在通話時，如果是以下情況：

「××先生，我是××。」

「哇，您好。」

「××先生您好，好久沒有聽到您的聲音了，上次開課的時候，您每天都坐在我的對面，我看您很有精神。」（開始建立親和力）

「最近過得怎麼樣？生活怎麼樣？有沒有煩心的事情？」

「沒有。」

「想想看,是不是有一兩件事令你煩惱呢?想不想解除煩惱?」

「想解除煩惱。」

「假如想……」

於是就跟客戶講怎麼追求快樂,怎麼逃離痛苦,他開始被鎖定注意力,最後就會參加培訓課程。

這就叫「假設成交」。假設成交就是先給客戶一幅成交的畫面,讓他想像在他身上已經發生了這件事,而這件事給他帶來多大好處,這就是假設成交真正的用處。假設成交的關鍵是你要為客戶創造一幅景象和畫面:他已經買了你的產品,會帶來什麼樣的好處和利益。

第六章 靈活運用心理學技巧，讓客戶不好拒絕

亮出自己的底牌

曾經有一位動物學家發現，狼攻擊對手時，對手若是腹部朝天，表示投降，狼就停止攻擊。為了證實這一點，這位科學家躺到狼面前，手腳伸展，袒露腹部。果然，狼只是聞了他幾下，就走開了。這位科學家沒有被咬死，但「差點被嚇死」。

秦朝末年，謀士陳平有一次坐船過河，船夫見他白淨高大，衣著光鮮，便不懷好意地瞄著他。陳平見狀，就把上衣脫下，光著膀子去幫船夫搖櫓。船夫看到他身上沒什麼財物，打消了惡念。

袒露不易，之所以不易，一方面是因為需要極大的勇氣和超絕的智慧，另一方面是因為要找準對象。如果對一條狗或一個傻船夫玩袒露的把戲，後果還用說嗎？

日常推銷工作中，常常可能遇到一些固執的客戶，這些人脾氣古怪而執拗，對什麼都聽不進，始終堅持自己的主張。面對這種執迷不悟的客戶，業務員千萬不要喪失信心，草草收兵，只要仍存一絲希望，就要做出最後的努力。一般來說，這種最後的努力還是開誠布公的好，索性把牌攤開來打。這種以誠相待的推銷手法能夠修補已經破裂的成交氣氛，當面攤牌則可能使客戶重新產生注意和興趣。

亮出自己的底牌

有位業務員很善於揣摩客戶的心理活動，一次上門訪問，他碰到一位平日十分苛刻的商人，按照常規，對方會把自己拒之門外的。這位業務員靈機一動，仔細分析了雙方的具體情況，想出一條推銷妙計，然後登門求見那位客戶。

雙方一見面，還沒等坐定，業務員便很有禮貌地說：「我早知道您是個很有主見的人，對我今天上門拜訪，您肯定會提出不少異議，我很想聽聽您的高見。」他一邊說著，一邊把事先準備好的18張紙卡攤在客戶的面前，「請隨便抽一張吧！」對方從業務員手中隨意抽出一張紙片，見卡片上寫的正是客戶對推銷產品所提的異議。

當客戶把18張寫有客戶異議的卡片逐一讀完之後，業務員接著說道：「請您再把卡片紙反過來讀一遍，原來每張紙片的背後都標明了業務員對每條異議的辯解理由。」客戶一言未發，認真看完了紙片上的每行字，最後忍不住露出了平時少見的微笑。面對這位辦事認真又經驗老練的業務員，客戶開口了：「我認了，請開個價吧！」

攤開底牌是一種非常微妙的計謀，不像其他一些計謀那樣可以經常使用，除非你決心一直以坦蕩、誠實、胸無城府的形象出現，但這幾乎是不可能的。因此，偶爾用一次就夠了，可一而不可再。尤其注意不要在同一個人面前反覆使用，對方會想：這傢伙怎麼老沒什麼長進啊？偶爾為之，下不為例。

第六章　靈活運用心理學技巧,讓客戶不好拒絕

第七章
把話說到點子上,
讓客戶思維跟你走

第七章　把話說到點子上，讓客戶思維跟你走

業務不可不知的攻心開場白

張宇是戴爾公司的業務代表，他得知某市稅務局將於今年年中採購一些伺服器，林副局長是這個專案的負責人，他正直敬業，與人打交道總是很嚴肅。張宇為了避免兩人第一次見面出現僵局，一直在思考一個好的開場白。直到他走進了稅務局寬敞明亮的大堂，才突然有了靈感。

「林局長，您好，我是戴爾公司的小張。」

「你好。」

「林局長，我這是第一次進稅務局，進入大廳的時候感覺到很自豪。」

「很自豪？為什麼？」

「因為我每個月都繳上萬元的個人所得稅，這幾年加在一起有近百萬了吧。雖然我算不上大款，但是繳的所得稅也不比他們少。今天我一進稅務局的大門，就有了不同的感覺。」

「噢，這麼多。你們收入一定很高，你一般每個月繳多少？」

「根據銷售業績而定，有些業務代表做得好的時候，可以拿到十萬元，這樣他就要交八九千元的個人所得稅。」

「如果每個人都像你們這樣繳稅,我們的稅收工作早就完成了。」

「我這次來的目的是想了解一下稅務資訊系統的狀況,而且我知道您正在負責一個國稅伺服器採購的專案,我尤其想了解一下這方面的情況。戴爾公司是全球主要的個人電腦供應商之一,我們的經營模式能夠為客戶帶來全新的體驗,我們希望能成為貴局的長期合作夥伴。首先,我能否先了解一下您的需求?」

「好吧。」

開場白就是業務員見到客戶以後第一次談話,在與客戶面談時,不應只是簡單地向客戶介紹產品,而是首先要與客戶建立良好的關係。因此,一個好的開場白,對每個業務員來說無疑是推銷成功的憑證。這個案例就是以精采的開場白獲得客戶好感的經典實戰案例。

案例中,作為戴爾公司的業務代表,張宇要拿下某個國稅局的伺服器採購專案,他知道開場白的重要性,因此在與客戶見面之前就進行了思考。當他看到國稅局氣派的大廳時,就有了靈感,在見到主掌這個專案的林副局長後,他開口便說:「我這是第一次進稅務局,進入大廳的時候感覺到很自豪。」

這句話使雙方的距離一下子就拉近了,陌生感也消除了很多。客戶在好奇心理的作用下,詢問張宇自豪的原因,這

第七章　把話說到點子上，讓客戶思維跟你走

樣張宇就從稅務局大廳過渡到個人所得稅，最後非常自然地切入主題——國稅伺服器採購的專案。由於客戶已經對張宇建立了一定的好感，所以使雙方下面的談話進行得很順利。

　　由此可見，開場白的好與壞，在相當程度上決定了一次推銷的成功與否。因此，業務員在拜訪客戶之前一定要想好自己的開場白，給客戶留下好的印象，為成交打好基礎。

找準客戶興趣，投其所好

推銷通常是以商談的方式來進行，但是如果有機會觀察業務員和客戶在對話時的情形，就會發現這樣的方式太過嚴肅了。

所以說對話之中如果沒有趣味性、共通性是行不通的，而且通常都是由業務員迎合客戶。倘若客戶對業務員的話題沒有一點點興趣的話，彼此的對話就會變得索然無味。

業務員為了要和客戶之間培養良好的人際關係，最好儘早找出共通的話題，在拜訪之前先收集有關的情報，尤其是在第一次拜訪時，事前的準備工作一定要充分。

總之，詢問是絕對少不了的，業務員在不斷的發問當中，很快就可以發現客戶的興趣。

例如：看到陽臺上有很多的盆栽，業務員可以問：「您對盆栽很感興趣吧？假日花市正在開蘭花展，不知道您去看過了沒有？」

看到高爾夫球具、溜冰鞋、釣竿、圍棋或象棋，都可以拿來作為話題。

打過招呼之後，談談客戶深感興趣的話題，可以使氣氛

第七章　把話說到點子上，讓客戶思維跟你走

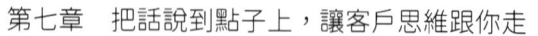

緩和一些，接著進入主題，效果往往會比一開始就立刻進入主題來得好。

天氣、季節和新聞也都是很好的話題，但是大約 1 分鐘左右就談完了，所以很難成為共通的話題。關鍵在於客戶感興趣的東西業務員多多少少都要懂一些。要做到這一點必須靠長年的累積，靠不懈地努力來充實自己。

被推銷者通常對推銷者敬而遠之，說得不客氣，是深惡痛絕，這是劣質推銷文化造成的。經驗豐富的人甚至練就了拒絕推銷的高招，擬好了各式各樣的藉口和理由，準備給來犯的業務員當頭一棒。聰明的業務員會審時度勢，有時候避免正面推銷，從對方意想不到的角度切進去。那就是：投其所好。

股票、體育、影視、文學、曲藝、商業⋯⋯人的興趣多種多樣，一個人不可能樣樣精通。除了對一些重要人物的特殊嗜好下功夫鑽研（比如發現一位大人物家中掛著獵槍，就對射擊進行一番研究）外，你沒有必要什麼都學。人的精力是有限的，你了解一些常識就夠了。你要做的僅僅是引起特殊話題，多多應和。如果在交談中，你的知識確實不足以跟上對方的思路，欣賞不了奧妙的境界，那也沒什麼大不了。你可以說：「我一直想學××（或了解××），但就是學不好。你這麼精通，真是了不起！」

找準客戶興趣，投其所好

投其所好，對對方最熱心的話題或事物表示真摯的熱心，巧妙地引出話題後，多多應和，表示欽佩。

美國超級業務員喬‧吉拉德曾因一時分心丟了一筆到手的生意。那一次，一位即將簽約的準客戶興致勃勃地說起他上醫學院的兒子，而喬‧吉拉德心不在焉，側耳聽其他業務員講話，準客戶突然說他不想買車子了……後來，吉拉德好不容易弄清對方是因為他在說「兒子、兒子、兒子」時，吉拉德都唸叨「車子、車子、車子」，才轉而找別人買了車！人心如此！

19世紀法國作家大仲馬有個兒子，人稱小仲馬。小仲馬的《茶花女》獲得極大成功後，他向父親報喜：「就像當年你的傑作一樣受歡迎！」大仲馬微笑道：「我最大的傑作就是你，我的孩子！」人心如此！

光知道這些道理還不夠。一個出色的業務員，是利用種種因素積極行動的人。怎麼做？一點都不難。拍一拍對方的孩子，聊一聊對方孩子的成績，問一問對方的孩子、配偶、父母的健康狀況，不就行了嗎？難的是你問過的事情一定要記住，不要對同一件事情問好幾次，卻依然記不住，那可就表明你根本沒有誠心！

需要提醒的是，找準顧客興趣，投其所好，固然是好，但一定要注意的一點是在問及顧客興趣時切入要自然，不能讓對方覺得你帶有很強的目的性，否則只會適得其反。

第七章　把話說到點子上，讓客戶思維跟你走

懂得將長話變短說

據史書上記載，子禽問自己的老師墨子：「老師，一個人說多了話有沒有好處？」墨子回答說：「話說多了有什麼好處呢？比如池塘裡的青蛙整天整天地叫，自己口乾舌燥，卻從來沒有人注意到牠。但是雄雞，只在天亮時叫兩三聲，大家聽到雞鳴就知道天要亮了，於是都注意牠，所以話要說在有用的地方。」

墨子的話和古語「言不在多，達意則靈」意義一樣，說的都是講話要少而精的道理。業務員要追求的是用最凝練的話語表達盡可能豐富的意思。

在現實中，那些成就大業者都是一些做事果斷、說話簡潔明瞭的人。在一家大公司的門口，寫著這幾個字：「要簡潔！所有的一切都要簡捷！」

這張布告明示著兩層意義：第一，提醒辦事要敏捷；第二，提醒長話要短說。

簡潔能使人愉快，使人易於接受。說話冗長累贅，會使人茫然和厭煩，並且無法達到目的。簡潔明瞭的清晰聲調，一定會使推銷者事半功倍。現在，不論是客戶，還是業務

員，時間都非常寶貴，沒有時間理會那些長篇大論、說不到點子上的話，只有高度凝練的話才能收到想要的效果。

有一回，鳳姐讓小丫頭小紅給平兒傳話。小紅從平兒處回來時，把四五件事壓縮在一小段話中回稟鳳姐：「我們奶奶問這裡奶奶好。我們二爺沒在家。雖然遲了兩天，只管請奶奶放心。等五奶奶好些，我們奶奶還會讓五奶奶來瞧奶奶呢。五奶奶前兒打發了人來說舅奶奶帶了信來了，問奶奶好⋯⋯」

局外人李紈聽了自然不懂，追問是什麼意思。鳳姐卻讚賞道：「這是四五門子的話呢。」她表揚小紅能把「四五門子的話」用幾句話表達出來，且當即決定把小紅放到自己的身邊。也可以說，小紅簡潔、準確的話語，贏得了鳳姐的信任。

鳳姐讚賞小紅說話簡潔、明確的同時，也指出了話語冗繁往往意味著辦事拖泥帶水。說話是否精采不在於長短，而在於是否抓住了關鍵、說到了點子上。客戶最喜歡的是有什麼說什麼，直來直去。對於那些空話套話，他們不但不願聽，甚至覺得是受精神折磨、浪費時間。

一個業務人員如果在談生意時，悠閒地坐在沙發上，不急不忙，想到什麼便說什麼，至於涉及業務關鍵問題的東西卻並不一定進入談話主題。毫無疑問，這樣的業務員，在事業上必定是無法成功的。

第七章　把話說到點子上，讓客戶思維跟你走

現代商業人士往往業務繁忙、應接不暇，所以，商業談判中的每一句話都要針對業務本身，萬萬不可拖延。但是，應該注意的是，說話簡潔絕非「苟簡」，為簡而簡，以簡代精。簡潔要從實際效果出發，簡得適當，恰到好處。否則，硬是掐頭去尾，只會捉襟見肘，掛一漏萬，得不償失。總之，簡短應以精當為前提，該繁則繁，能簡則簡。

那我們在銷售過程中怎樣才能夠做到言簡意賅呢？

◆ 重點培養自己分析問題的能力

要學會透過事物的表面現象，掌握事物的本質特徵，並善於綜合概括。在這個基礎上形成的交流語言，才能準確、精闢，有力度，有魅力。

◆ 同時還應盡可能多地掌握一些詞彙

福樓拜曾告誡人們：「任何事物都只有一個名詞來稱呼，只有一個動詞代表它的動作，只有一個形容詞來形容它。如果講話者詞彙貧乏，說話時即使搜腸刮肚，也絕不會有精采的談吐。」

奇異公司的副總裁也說過：「我們曾在各個分支機構的會議上進行過討論，內容就是業務員為什麼會失去銷售機會。討論的結果說明，之所以失去機會是因為業務員說得太多，雖然他們知道的並不豐富。」

◆ 「刪繁就簡」也是培養說話簡潔明快的一種有效方法

說話要簡練，最好把複雜的話簡單地說出來。這樣才會明白易懂，使客戶都愛聽。一個有豐富經驗的業務員說：「在推銷中，如果使用的是電話交流的方式，我多數時候都能在15分鐘內結束談話。當然在通話之前，我會事先把要談的事情逐一列出，寫在一張紙上，然後再說：『我知道您很忙，有這麼幾件事需要和您討論……』這樣一來對方就很容易接受，從而願意和我交談。另外，談事情要開門見山，語言表達簡明扼要，這樣也能提高生意成交的機率。」

人們最討厭廢話連篇、半天說不到點子上的人。言簡意賅，不說廢話，這樣才顯得說話的人幹練，所以，在與人交往時，要注意說話要簡潔，這樣才能夠受人歡迎。

第七章　把話說到點子上，讓客戶思維跟你走

不要對客戶說「天書」

人們常說「物以類聚，人以群分」。要成為一個優秀的業務人員，就要努力讓客戶感覺到你跟他是同一種人。在這種狀況下，客戶很容易對你，還有你的產品產生一種親近感，這樣一來，無論你要銷售什麼產品，都輕而易舉了。

反之，如果你偏要顯得與眾不同，就不一定會收到想要的結果。

喬治受上級的命令為辦公大樓採購大批的辦公用品。結果，他在實際工作中碰到了令他哭笑不得的情況。

首先使他大開眼界的是一個推銷「信件分投箱」的業務員。喬治向這位業務員介紹了公司每天可能收到信件的大概數量，並就信箱提出了一些具體要求。這個年輕人聽後臉上露出若有所思的表情，考慮片刻，便認定喬治最需要他們的CSI。

「什麼是CSI？」喬治問。

「怎麼，」他用懶洋洋的語調回答，話語中還帶著幾分不屑，「這CSI就是你們所需要的信箱啊。」

「那是紙板做的，金屬做的，還是木頭做的？」喬治試探地問道。

「如果你們想用金屬的,那就需要我們的 FDX 了,也可以為每個 FDX 配上兩個 NCO。」

「我們有些列印件的信封會長點。」喬治說明。

「那樣的話,你們便需要用配有兩個 NCO 的 FDX 轉發普通信件,而用配有 RIP 的 PLI 轉發列印件。」

這時,喬治實在聽不懂他在講些什麼,於是說道:「年輕人,你的話讓我聽起來十分費解。我要買的是辦公用具,不是字母。你所說的那些字母代表什麼?」

「噢,」他答道,「我說的都是我們產品的序號。」

最後,喬治費了九牛二虎之力才慢慢從業務員嘴裡弄清楚他的各種信箱的規格、容量、材料、顏色和價格,從業務員那裡得到這些情況就像用鉗子拔他的牙一樣艱難。業務員似乎覺得這些都是他公司的內部情報,他已嚴重洩密了。

如果這位業務員是絕無僅有的話,喬治還不覺得怎樣。不幸的是,這位年輕的業務員只是個打頭陣的,其他的業務員成群結隊而來:全都是些嘴裡掛著專業名詞或者字母的小夥子,喬治當然一竅不通。當喬治需要板刷時,一個年輕人說要賣給他「FHB」,後來才知道這是「化纖與豬鬃」的混合製品,等物品拿來之後,喬治才發現 FHB 原來是一支拖把。

喬治把這些傢伙全部打發走了。那些業務員用一些類似於「天書」的語言向喬治推銷,而且沒有進行必要的解釋,喬治根本聽不懂,生意自然做不成。

第七章　把話說到點子上，讓客戶思維跟你走

推銷的語言要像白居易寫的詩一樣，傳說白居易寫好了詩都會唸給鄰居老太太聽，老太太聽不懂的話他再修改直到聽懂為止。用客戶聽得懂的語言向客戶介紹產品，這是最簡單的常識。有一條基本原則對所有想吸引客戶的人都適用，那就是如果資訊的接受者不能理解該資訊的內容，這個資訊便產生不了它預期的效果。業務員對產品和交易條件的介紹必須簡單明瞭，表達方式必須直截了當。表達不清楚，語言不明白，就可能會產生溝通障礙。另外，業務員還必須使用每個客戶特有的語言溝通方式。跟青少年談話不同於跟成年人的交談；使專家感興趣的方式，不同於使外行們感興趣的方式。

業務員在與不同的客戶溝通時，應當認真地選用適合於該客戶的語言。然而，業務員常犯的錯誤就在於，他們就像本案例中的業務員那樣過多地使用技術名詞、專有名詞向客戶介紹產品，使客戶如墜霧裡，不知所云。試問，如果客戶聽不懂你所說的意思是什麼，你能打動他嗎？

在和客戶交流時要注意做到以下幾點：

◆ 簡潔

簡潔是對推銷陳述的基本要求。陳述時，應簡單明瞭、乾淨俐落，避免囉囉唆唆、反反覆覆，應盡可能在較短的時間內將重要的資訊傳遞給客戶。只有盡快喚起客戶的興趣，才可能使推銷進行下去。

◆ 流暢

流暢也是對推銷陳述的基本要求。語言流暢，一是要求業務員講話時要口齒清晰、流利；二是指陳述的內容要有連續性、邏輯性，上下文銜接合理，原因結果敘述清楚。

◆ 準確

準確是對推銷陳述的更高要求。陳述準確，首先要求業務員必須選擇正確的陳述內容。業務員不應試圖把自己掌握的所有資訊都傳遞給客戶，而應選擇客戶最感興趣的資訊作為陳述的內容。其次要求業務員合理安排在洽談的不同階段的陳述重點。在洽談過程中，業務員通常要進行若干陳述。但是，不同階段的陳述應有不同的重點。

◆ 生動

生動是對推銷陳述的最高要求。推銷是激發客戶的購買欲望、說服客戶採取購買行動的過程，因此，要求推銷語言必須是能夠打動客戶的語言，它應該具有如下基本特徵：新穎別緻，與眾不同；易使人產生聯想；易被人記住；易使人感受到；易使人被說服，這樣的語言才是生動的語言。

喬‧吉拉德曾說過：「在溝通的過程中觸犯禁忌和說別人聽不懂的話，等於向天空吐口水（自己是最大的受害者）。」

所以，說客戶明白的話才能把資訊很好地傳遞給客戶。如果說客戶聽不懂的話，就不會產生預期的效果。

第七章　把話說到點子上,讓客戶思維跟你走

學會和客戶閒話家常

時常有些業務人員以為如果到客戶家中拜訪,就應該言簡意賅、直奔主題。為什麼要這麼做呢?原因如下:第一,節省了彼此的時間,讓客戶感覺自己是個珍惜時間的人;第二,認為這樣可以提高效率。事實上,這些都是業務人員自己的一廂情願。

如果我們平時和客戶就是這種談話風格,那麼趕快檢討一下自己。其實,這樣的做法多半會讓人反感,客戶會以為你和他只是業務關係,沒有人情味。當然,當他為了你的預約而守候半天時,你的直奔主題常常會令他覺得很不受用,彷彿你是日理萬機抽空來看他一眼似的。

正確的做法是我們必須學會和客戶適當地談談題外話,這樣也更容易成功。所謂題外話就是說些圍繞客戶的家常話,如同一位關心他的老朋友一般,但不要涉及他的個人隱私。

林小艾是某化妝品公司的美容顧問,她也是位善於觀察的行家。一次,她要去拜訪一位在外企上班的OL張小姐。

那日,林小艾去的正好是張小姐剛剛裝修好的新家。張

小姐的家布置得十分古典，韻味十足，如詩如畫的環境無一不在向外人訴說女主人的品味與愛好。

林小艾看到了這一點，不著痕跡地詢問起她的每一件家居的來歷，並表示出極大的讚賞。張小姐自然很開心地和她聊天，她們從家居的風格到風水，再到新女性的經濟獨立、人格獨立，天南地北談了兩個多小時，卻對化妝品隻字未提。

末了，張小姐一高興，買了許多昂貴的化妝品。此後，張小姐成為林小艾的老主顧，並為她介紹了不少新客戶。一份難能可貴的客戶關係就由一次不經意的閒話家常開始。

閒話家常看似簡單，實則非常有學問。這需要我們練就一雙火眼金睛，能迅速找到客戶的興趣點和令其驕傲的地方。

一名成績顯著的業務代表這麼講述他的一次難忘的經歷：

有一次我和一位富翁談生意。上午11點開始，持續了6小時，我們才出來放鬆一下，到咖啡館喝一杯咖啡。我的大腦真有點麻木了，那富翁卻說：「時間好快，好像只談了5分鐘。」

第二天繼續，午餐以後開始，2點到6點。要不是富翁的司機來提醒，我們可能要談到夜裡。再後來的一次，談我們的計畫只花了半小時，聽他的發跡史卻花了9個小時。他講自己如何赤手空拳打天下，從一無所有到創造一切，又怎

第七章　把話說到點子上，讓客戶思維跟你走

樣在 50 歲時失去一切，又怎樣東山再起。他把想對人講的事都跟我說了，80 歲的老人，到最後竟動了感情。

顯然，很多人只記得嘴巴而忘了耳朵。那次我只是用心去傾聽，用心去感受，結果怎樣？他替 50 歲的女兒投了保，還替生意保了 10 萬美元。

人們往往缺乏花半天時間去聽業務人員滔滔不絕地介紹產品的耐心，相反，客戶卻願意花時間和那些關心其需求、問題、想法和感受的人在一起。基於這個原因，和客戶閒話家常往往是客戶最容易接受、最難以察覺的技巧。

恰當重複客戶的話

有一個故事說，曾經有一個小國派使者前往大國，進貢了三個一模一樣的小金人，其工藝精良，造型栩栩如生，真把大國皇帝高興壞了。可是這個小國有點不厚道，派來的使者出了一道題目：這三個小金人哪個最有價值？如果答案正確，才可以留下三個小金人。

皇帝想了許多辦法，請了全國有名的珠寶匠來檢查，但都無法分辨。

最後，一位退位的老大臣說他有辦法。

皇帝將使者請到大殿，老大臣胸有成竹地拿著三根稻草，插入第一個金人的耳朵裡，這稻草從另一隻耳朵出來了；插入第二個金人的耳朵裡，稻草從嘴巴裡直接掉了出來，而第三個金人，稻草進去後掉進了肚子，什麼響動也沒有。

老大臣說：「第三個金人最有價值！」

使者默默無語，答案正確。

有的話別人聽了只當耳邊風，一隻耳朵進，另一隻耳朵出；有的話別人聽了只是當了一個傳聲筒，從耳朵聽進去，從嘴巴傳出來，並沒有聽到心裡去。這兩種情況都是做無用功。要想說的話有價值，就必須把話說到對方的心坎上，這

第七章　把話說到點子上，讓客戶思維跟你走

樣說的話就沒有浪費，把話聽到心裡去的人也得到了價值。

推銷也是這樣，那怎樣才能把話說到對方心坎上去呢？

那就是說客戶想聽的話。

可是，現實中有一個問題就是：業務員往往喜歡說自己想說的話，例如：在第一次拜訪客戶時，業務員一直在說自己的產品與眾不同之處、自己的產品能給客戶帶來的利益等，但客戶不想聽這些，而且覺得業務人員一直說這些是令人極其討厭的。所以業務員在推銷之前，就要考慮自己要說的話客戶是否喜歡聽，不然即使打電話也只是浪費時間和金錢。所以，業務員要學會把自己的每一句話都說到對方的心坎上去。

恰當重複客戶語言，不失為一種把話說到對方心坎上的好方法。重複客戶說的話，是讓客戶感覺業務員與他站在同一立場上，這是拉近關係的很好的方式。

當客戶說：「現在企業很難找到敬業的員工」時，業務員在聽到這句話之後應該說：「不錯，現在敬業的員工的確太難找了」以表示贊同。

另外，你也可以說一些表示讚美與理解的話，讓對方高興。例如，你可以這樣讚美他：「您的聲音真的非常好聽！」「聽您說話，我就知道您是這方面的專家。」「公司有您這種主管，真是太榮幸了。」

你也可以說一些話,對他表示理解和尊重,你可以說:
「您說的話很有道理,我非常理解。」「如果我是您,我一定與您的想法一樣。」「謝謝您聽我談了這麼多。」

這些話無疑都是說到了對方的心坎上,讓對方覺得受用、中聽。說不定欣喜之餘就會決定與你合作。

第七章　把話說到點子上，讓客戶思維跟你走

有針對性地提問，引著客戶思路走

　　在推銷活動中，大多數推銷人員總是喜歡自己說個不停，希望自己主導談話，而且還希望顧客能夠舒舒服服地坐在那裡，被動地聆聽，以了解自己的觀點。但問題是，客戶心裡往往很排斥這種說教式的敘述，更不用說業務員及產品會獲得客戶的好感了。

　　無論哪種形式的推銷，為了實現其最終目標，在推銷伊始，推銷人員都需要進行試探性的提問與仔細聆聽，以便顧客有積極參與推銷或購買過程的機會。當然最重要的還是，要盡可能地有針對性地提問，以便使自己更多更好地了解顧客的觀點或者想法，而非一味地表達自己的觀點。

　　我們來看一下這位家具業務員與顧客琳達之間的對話，你可以從中得到啟發。

　　業務員：「我們先談談您的生意，好嗎？您那天在電話裡跟我說，您想買堅固且價錢合理的家具，不過，我不清楚您想要的是哪些款式，您的銷售對象是哪些人？能否多談談您的構想？」

　　琳達：「你大概知道，這附近的年輕人不少，他們喜歡往

有針對性地提問，引著客戶思路走

組合式家具連鎖店跑；不過，在111號公路附近也住了許多退休老人，我媽媽就住在那裡。一年前她想買家具，可是組合式家具對她而言太花俏了，她雖有固定的收入，但也買不起那種高級家具；以她的預算想買款式好的家具，還真是困難！她告訴我，許多朋友都有同樣的困擾，這其實一點也不奇怪。我做了一些調查，發現媽媽的話很對，所以我決心開店，顧客就鎖定這群人。」

業務員：「我明白了，您認為家具結實是高齡客戶最重要的考慮因素，是吧？」

琳達：對，你我也許會買一張兩三千元的沙發，一兩年之後再換新款式。但我的客戶生長的年代與我們有別，他們希望用品長久如新，像我的祖母吧，她把家具蓋上塑膠布，一用就30年。我明白這種價廉物美的需求有點強人所難，但是我想，一定有廠商生產這類的家具。」

業務員：「那當然。我想再問您一個問題，您所謂的價錢不高是多少？您認為主顧願意花多少錢買一張沙發？」

琳達：「我可能沒把話說清楚。我不打算進便宜貨，不過我也不會採購一堆路易十四風格的鴛鴦椅（tête-à-tête）。我認為顧客只要確定東西能夠長期使用，他們能接受的價位應該在4,500～6,000元左右。」

業務員：「太好了，我想花幾分鐘跟您談兩件事：第一，我們的家具有高雅系列，不論外形與品質，一定能符合您客戶的需求，至於您提到的價錢，也絕對沒問題；第二，我倒

第七章　把話說到點子上，讓客戶思維跟你走

想多談談我們的永久防汙處理，此方法能讓沙發不沾塵垢，您看如何？」

琳達：「沒問題。」

這位業務員與客戶琳達交談的過程中，透過針對性地提問了解到客戶的需求，並清楚、準確地向顧客介紹了自己的產品，讓顧客確切地了解自己推銷的產品如何滿足他們的各種需求。因此，業務員詳細地向顧客提問，盡可能找出自己需要的、產品完全符合顧客的各種資訊，這是必不可少的。

與客戶洽談的過程中，透過恰到好處的提問與答話，有利於推動洽談的進展，促使推銷成功。那麼，在推銷實踐中都有哪些提問技巧呢？

◆ 單刀直入法提問

這種方法要求推銷人員直接針對顧客的主要購買動機，開門見山地向其推銷，請看下面的案例：門鈴響了，當主人把門開啟時，一個穿著體面的人站在門口問道：「家裡有高級的食品攪拌器嗎？」男人愣住了，轉過臉來看他的夫人，夫人有點窘迫但又好奇地答道：「我們家有一個食品攪拌器，不過不是特別高級的。」推銷人員回答說：「我這裡有一個高級的。」說著，他從提包裡掏出一個高級食品攪拌器。接著，不言而喻，這對夫婦接受了他的推銷。假如這個推銷人員改一下說話方式，一開口就說：「我是××公司推銷人員，我

來是想問一下您家是否願意購買一款新型食品攪拌器。」這樣說話的效果一定不如前面那種好。

◆ 誘發好奇心法提問

誘發好奇心的方法是在見面之初直接向潛在的買主說明情況或提出問題，故意講一些能夠激發他們好奇心的話，將他們的思想引到你可能為他提供的好處上。一個推銷人員對一個多次拒絕見他的顧客遞上一張紙條，上面寫道：「請您給我十分鐘好嗎？我想為一個生意上的問題徵求您的意見。」紙條誘發了採購經理的好奇心——他要向我請教什麼問題呢？同時也滿足了他的虛榮心——他向我請教！這樣，結果很明顯，推銷人員應邀進入辦公室。

◆ 「刺蝟」反應提問

在各種促進買賣成交的提問中，「刺蝟」反應技巧是很有效的。所謂「刺蝟」反應，其特點就是你用一個問題來回答顧客提出的問題，用自己的問題來控制你和顧客的洽談，把談話引向銷售流程的下一步。讓我們看一看「刺蝟」反應式的提問法。

顧客：「這項保險中有沒有現金價值？」

推銷人員：「您很看重保險單是否具有現金價值的問題嗎？」

第七章　把話說到點子上，讓客戶思維跟你走

顧客：「絕對不是。我只是不想為現金價值支付任何額外的金額。」對於這個顧客，你若一味向他推銷現金價值，你就會把自己推到河裡去，一沉到底。這個客戶不想為現金價值付錢，因為他不想把現金價值當成一樁利益。這時，你應該向他解釋現金價值這個名詞的含義，提高他在這方面的認知。

「自曝家醜」反而能賣出東西

俗話說「家醜不可外揚」,對業務員來說,如果把自己產品的缺點講給客戶,無疑是在給自己的臉上抹黑,連王婆都知道自賣自誇,見多識廣的優秀的業務員怎麼能不誇自己的產品呢?

其實,宣揚自己產品的優點固然是推銷中必不可少的,但這個原則在實際執行中是有一定靈活性的,就是在某些場合下,對某些特定的客戶,只講優點不一定對推銷有利。在有些時候,適當地把產品的缺點展現給客戶,是一種策略,一方面可以贏得客戶的信任,另一方面也能淡化產品的弱勢而強化優勢,適當地講一點自己產品的缺點,不但不會使顧客退卻,反而贏得他的深度信任,從而更樂於購買你的產品。

因為每位客戶都知道,世上沒有完美的產品,就好像沒有完美的人,每一件產品都會有缺點,面對顧客的疑問,要坦誠相告。刻意掩飾,顧客不但不相信你的產品,更不會相信你的為人。

而平庸的業務員奉行一個原則,就是永遠講自己產品的優點,從來不講自己產品的缺點。他認為,那樣自曝家醜,

第七章　把話說到點子上，讓客戶思維跟你走

怎能賣出去產品呢？而優秀的業務員就懂得這個道理，他知道在什麼時候巧用這個規則可以使推銷取得成功。下面就是一個這樣的優秀業務員的例子：

一個不動產業務員，有一次他負責推銷 K 市南區的一塊土地，面積有 80 坪，靠近車站，交通非常方便。但是，由於附近有一座鋼材加工廠，鐵鎚敲打聲和大型研磨機的噪音不能不說是個缺點。

儘管如此，他打算向一位住在 K 市工廠區道路附近，在整天不停的噪聲中生活的人推薦這塊地皮。原因是其位置、條件、價格都符合這位客人的要求，最重要的一點是他原來長期住在噪音大的地區，已經有了某種抵抗力，他對客人如實地說明情況並帶他到現場去看。

「實際上這塊土地比周圍其他地方便宜得多，這主要是由於附近工廠的噪音大，如果您對這一點不在意的話，其他如價格、交通條件等都符合您的願望，買下來還是划算的。」

「您特意提出噪音問題，我原以為這裡的噪音大得驚人呢，其實這點噪音對我家來講不成問題，這是由於我一直住在 10 噸卡車的引擎不停轟鳴的地方。況且這裡一到下午 5 時噪音就停止了，不像我現在的住處，整天震得門窗咔咔響，我看這裡不錯。其他不動產商人都是光講好處，像這種缺點都設法隱瞞起來，您把缺點講得一清二楚，我反而放心了。」

不用說，這次交易成功了，那位客人從 K 市工廠區搬到了 K 市南區。

「自曝家醜」反而能賣出東西

優秀的業務員為什麼講出自己產品的缺點反而成功了呢？因為這個缺點是顯而易見的，即使你不講出來，對方也一望即知，而你把它講出來只會顯示你的誠實，這是業務員身上難得的特質，會使顧客對你增加信任，從而相信你向他推薦的產品的優點也是真的。最重要的是他相信了你的人品，那就好辦多了。

因此，假如你是汽車推銷商，對於那些學歷高的客戶，在某種程度上既要講車的優點又要強調它的缺點；對於學歷低的人要盡量強調長處；對於那些在某種程度上有獨立見解的人，如果光講長處，說得過於完美，反而會引起他們的疑心，產生完全相反的看法。

有些產品的缺點即使一時看不出來，顧客回去打聽也很容易得知，你還不如當下就對他講清楚。理智型的顧客明白，任何產品都是不可能沒有缺點的，你講出來，他會覺得很正常，他還會覺得其他產品的缺點不過是業務員不告訴他罷了。如果那個缺點不是什麼大缺點，無關緊要，而對方又比較懂，那麼只會對你的推銷有利。

優秀的業務員善於靈活使用這個方法，他會根據商品的不同情況，根據客人的不同情況，清楚地說出商品的缺點和優點，從而取得客戶的信任，促成購買。

第七章　把話說到點子上，讓客戶思維跟你走

靈活應對客戶的挑釁性追問

業務人員：「這款筆電的速度還是相當快的，何況我們的售後服務也很周到，畢竟是著名品牌嘛！」

顧客：「前兩天新聞說，你們準備削減保固據點了，而且，對許多屬於產品品質的問題還迴避，甚至服務熱線都撥不通，一直占線，這是怎麼回事？」

業務人員：「那是有一些顧客故意找碴，屬於自己失誤操作導致的筆電無故當機，完全是不正當操作導致的，不屬於保固範圍，當然就不能免費維修了。」

顧客：「只要顧客有爭議，你們都說有理，再說了，電腦這個事情，誰說得準，怎麼能相信你們呢？」

無論業務人員怎麼解釋，潛在顧客就是不讓步，咄咄逼人。

案例中業務人員的回答方法是不可取的，當顧客提出「聽說你們的售後服務不好」這樣的問題時，業務人員不要做出以下回答：

- 業務人員：「不會啊，我們的售後服務可好啦！」（直接的否定會讓顧客對你及你的品牌更加不信任）

- 業務人員：「您放心，我們的產品絕對保證品質！」（答非所問，難以讓顧客信服）
- 業務人員：「您聽誰說的，那不是真的！」（質問顧客、極力否認只會適得其反）

這個時候，業務人員正確的回答方法應該是有效使用「墊子」法。案例中的業務人員應採用如下回答方式：「您真是行家，這麼了解我們的品牌，而且，對於採購筆電特別在行，問的問題都這麼尖銳和準確。」此時要停頓片刻，讓潛在顧客回味一下。然後，接著說：「許多顧客都非常關心產品保固問題，當產品發生問題時，顧客是首先得到尊重和保障的，我們要求合格的品管部門鑑定產品品質問題的責任歸屬，一旦最後鑑定的結果是我們負責，那麼我們就承擔所有的責任。在產品送去鑑定的過程中，為了確保顧客有電腦使用，我們還提供一個臨時的筆電供顧客使用，您看這個做法還滿意嗎？」

銷售的過程是相互交流的過程，顧客在進行銷售對話時也會問問題。有時他們的問題似乎是反駁性的，但實際上只是顧客對自己思路的澄清，不然就是企圖將業務人員重新引導至正確的產品或服務上。面對顧客對業務人員的某個問題提出反駁，業務人員不應對顧客的反駁予以辯解，而要反思自己交流環節是否出了問題，並且對問題環節加以調整，及

第七章　把話說到點子上，讓客戶思維跟你走

時回到銷售的正軌。

以售後服務問題為例，由於家電的使用壽命一般都在十年或十年以上，所以顧客在選購家電時會比較關心廠商提供的售後服務，特別是對於體積較大、移動不方便、內部零件較為複雜的大件電器，顧客會非常在意廠商能否提供快速、便利的維修服務。

面對顧客提出關於產品售後服務的問題，業務人員首先不要正面反駁顧客，而要透過提問來了解顧客對我方的售後服務是否有不愉快的經歷，然後以事實為依據，列舉廠商在售後服務方面做出的努力，例如營業據點數量和服務承諾書等，消除顧客對我方售後服務的擔憂。但要注意，業務人員在消除分歧的同時，不要做過度的承諾，避免對廠商造成不必要的糾紛。

［案例一］

業務人員：「先生，請問您是不是有親戚朋友買過我們品牌的產品？」

顧客：「對呀，我有個同事三年前買過你們的產品，但出現問題後找不到維修的地方，後來只能郵寄回廠商維修，真是太麻煩了！」

業務人員：「先生，很抱歉給您的同事帶來了不便！（真誠向顧客道歉）我們前幾年的服務據點確實不夠健全，給我

們的使用者造成了不便。針對這種情況，我們公司做出了很大的努力和投入，您可以看一下我們現在的服務據點數量（拿出產品說明書後的據點介紹部分）。為了保證我們品牌售後服務的品質，我們在地級城市都設定了技術服務中心，並簽約大量的特約維修點，以保證我們的使用者能夠享受到更加便捷的上門服務。對於我們這款產品，您還可以享受到終身免費清洗和免費上門維修的貼心服務，保證您買得放心，用得安心！今天就定下來吧？」

[案例二]

業務人員：「大姐，您這是從哪裡聽來的？」

顧客：「我鄰居說的，她家用的就是你們品牌的洗衣機，年前出現了故障，打電話報修後的第三天，你們的售後服務人員才上門。這不是不重視顧客嗎？」

業務人員：「大姐，我明白了！這確實給您的鄰居帶來了不便！不過，這是因為這些售後維修人員都是我們自己的員工，他們都是受過專業訓練的，維修技術和服務態度絕對都是優秀的，只是數量上不是很多，應付平常的維修沒有問題，但年前購買洗衣機的顧客特別多，安裝的工作量特別大，所以他們上門維修的時間才有所拖延的，還望您及您的鄰居能夠理解！」

顧客：「難道別的品牌的維修人員不是廠商的人嗎？」

業務人員：「對呀，現在很多品牌都把售後服務以協議

第七章　把話說到點子上，讓客戶思維跟你走

的形式外包到各個地方的家電維修點，由於廠商與特約維修點之間並不是上下級關係，而是一種互利的合作關係，所以消費者得到的售後服務品質無法得到保證。我們公司正是為了保證售後服務的品質，才自建維修團隊的。這也是我們對消費者負責任的表現。對吧？所以，您就放心買我們的產品吧，售後服務方面絕對讓您無後顧之憂！」

當顧客問一些挑釁性問題時，業務人員不能正面反駁顧客的挑釁，而應採取柔性引導方式，從側面提供解決方案。此外，還應提供本品牌售後服務好的證據：

- 維修據點數量多、分布廣；
- 服務態度好；
- 維修技術扎實；
- 提供的維修服務迅速。

冷靜處理客戶的抱怨

「贏得一場爭辯，就等於丟了一件生意！」這是我們業務人員需要時刻牢記心中的，因為到目前為止，還沒有聽說過哪位業務人員因為與客戶「吵架」取勝而促成生意的例子。

永遠不要跟客戶爭辯，這是一個簡單的真理。一旦商品或服務的供應者把自己置於可能與客戶產生爭議的處境，他的「遊戲」就該結束了。對於這一點，任何有過銷售經驗的人都不會有異議。但是，要真正做到「不與客戶爭辯」這一點還是有點難度的。

當一名怒氣沖沖的客戶衝到你面前，因為與你無關的原因而發生的問題大發雷霆、抱怨不迭時，儘管理智告訴你保持冷靜，但你還是免不了委屈，火氣上竄，開始和客戶爭辯起來、據理力爭。這是很自然的行為，也是很不明智的行為。

下面是一個客戶為我們講述的真實故事：

前幾天，蘇木到麥當勞用餐，像往常一樣點了麥香雞漢堡和蘋果派，她接過蘋果派後吃了一口就停住不吃了。因為她吃到的是鳳梨派，而她點的是蘋果派。於是，她來到櫃檯

第七章 把話說到點子上,讓客戶思維跟你走

前,看見剛才接待她的員工正在招呼其他客戶,她找了另一位服務小姐說明了情況,另一位服務小姐二話不說轉過身去替她拿蘋果派。就在這個時候,剛才接待蘇木的員工發現了這個問題。

「對不起,小姐,您剛才點的的確是鳳梨派,我記得非常清楚⋯⋯」她的話還沒有說完,剛才那位服務生已經把蘋果派遞到了蘇木手中。這時第一位服務小姐仍有禮貌地轉向蘇木:「對不起,小姐,是我們弄錯了,祝您在麥當勞用餐愉快。」

之後,蘇木回到自己的餐桌上享用午餐,猛然想起自己剛才的確點的是鳳梨派,因為蘋果派有點吃膩了,她臨時改變了主意,這時,她感到有些後悔,並在內心升起一股對第一位服務小姐的感激之情。

雖然故事發生在服務業,但是故事的意義是相通的,第一位服務小姐迅速把客戶的注意力從點錯了餐點的不愉快轉移到尋找解決問題的途徑上去;相反的,如果她同客戶爭執分辯,使客戶不愉快,對問題的解決就會很不利。

有一項研究顯示:當客戶對一家商店不滿時,4%的客戶會說出來,而剩下的96%的客戶會選擇默然離去,結果就是這96%的客戶將永遠不會再光顧這家店,而且還會分別把不滿至少傳遞給8〜12人聽,向他們宣傳此家商店的商品品質和服務品質是如何的糟糕。這8〜12人中有20%還會轉

述給他們的朋友聽。如果商店能及時處理而又能讓客戶滿意的話,有 82%～95% 的客戶還會到這裡來購物,從中我們可以看出處理好客戶的抱怨是多麼重要,所以我們要好好對待這 4% 的客戶,讓他們把不滿、抱怨都說出來,幫助我們改善。

◆ 首先弄清楚客戶為什麼會有異議和抱怨

客戶聽業務人員介紹後,往往會提出一些疑問、質詢或異議。這是因為:

- 客戶事先獲知一些不能確認的資訊;
- 客戶對業務人員不信任;
- 客戶對自己不自信;
- 客戶的期望沒有得到滿足;
- 客戶不夠滿意;
- 業務人員沒有提供足夠的資訊;
- 客戶有誠意購買。

業務人員在消除客戶不滿時,第一步就是要學會傾聽,即聆聽客戶的不滿。聆聽客戶的不滿時,須遵循多聽少說的原則。我們一定要冷靜地讓客戶把其心裡想說的牢騷話都說完,同時用「是」、「的確如此」等語言及點頭的方式表示理解,並盡量了解其中的原因,這樣一來就不會發生衝突。

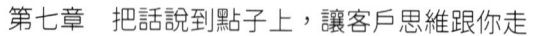

第七章　把話說到點子上，讓客戶思維跟你走

◆ 解答疑問和處理異議的一些方式

- 保持禮貌、面帶微笑；
- 持有積極態度；
- 熱情自信；
- 表情平靜、訓練有素；
- 態度認真、專注。

值得注意的是，處理客戶抱怨時不要拖延，因為時間拖得越久越會激發客戶的憤怒，而客戶的想法也將變得偏激而不易解決。所以，業務人員在處理客戶抱怨時，不能找藉口說今天忙明天再說，到了明天又拖到後天，正確的做法是立即處理，這種積極的態度會讓客戶明顯感覺到誠意，並能大大安撫客戶的情緒，換來客戶對自己的理解。

不管客戶如何批評我們，業務人員永遠不要與客戶爭辯，因為，爭辯不是說服客戶的好方法，正如一位哲人所說：「你無法憑爭辯說服一個人喜歡啤酒。」與客戶爭辯，失敗的永遠是業務人員。一句銷售行話是：「占爭論的便宜越多，吃銷售的虧越大。」

與客戶交談要避開他的「死穴」

　　許多不成功的談判、銷售,都可歸因於溝通的失敗。無論是公司的業務人員、客服人員,抑或是經銷商,都應注意在與客戶溝通中避免說出以下十句話:

1.「這種問題連小孩子都知道。」

　　這句話最常出現在客戶不了解商品特性或者針對商品用途做出詢問的行為時,我們極可能脫口而出的話。因為這句話容易引起客戶的反感,認為我們在拐彎抹角地嘲笑他,因此,我們一定要特別注意。

2.「一分錢,一分貨。」

　　當你講出這句話時,通常客戶會有「是不是嫌我看起來寒酸,只配買個廉價品」這種感覺。因為我們說這句話的時機通常是客戶認為價錢太高的時候,所以,不免使客戶產生這種想法。

3.「不可能，絕不可能有這種事發生！」

一般公司通常對自己的商品或服務都是充滿信心的，因此，在客戶提出抱怨時，客服人員開始都會以這句話來回答，其實客服人員說出這句話時，已經嚴重地傷害到客戶的心理了。因為這句話代表客戶提出的抱怨都是「謊言」，因此，客戶必然產生很大的反感。

4.「這種問題你去問廠商，我們只負責賣。」

商品固然是廠商製造，而不是經銷商製造的，但是經銷商引進商品銷售，就應該對商品本身的品質、特性有所了解。因此，以這句不負責任的話來搪塞、敷衍客戶，代表經銷商不講信用。

5.「這個……我不太清楚……」

當客戶提出問題時，若業務代表的回答是「不知道」、「不清楚」，表示這個企業、公司、店鋪沒有責任感。正確的做法應是熱情、禮貌接待，即使我們並不會解答，也可請專人來解惑。

6.「我絕對沒有說過那種話！」

當客戶認為經銷商曾經提出保證卻沒有履行，因而提出質詢時，若是經銷商說出「我絕對沒說過那種話」，則解決抱怨的溝通必然成為永遠無法相交的平行線。因為，經銷商不願意承擔責任。其實，商場上沒有「絕對」這個詞存在，這個詞有硬把自己的主張加在消費者身上的語氣存在，所以最好不要使用。

7.「我不會。」

「不會」、「沒辦法」、「不行」這些否定的話語，表示企業無法滿足客戶的希望與要求，因此，能夠不使用的話就盡量不要使用。

8.「這是本公司的規定。」

其實公司的規章制度通常是為了提高員工的工作效率而訂立的，並不是為了要監督客戶的行為或者限制客戶的自由。因此，即使客戶不知情而違反店規，店員仍然不可以用責難的態度對待。否則，不但無法解決問題，反而會加深誤會。

第七章　把話說到點子上，讓客戶思維跟你走

9.「總是有辦法的。」

這一句曖昧的話語通常會惹出更大的問題。因為「船到橋頭自然直」這種不負責任的態度，對於急著想要解決問題的客戶而言，實在是令人扼腕、頓足的話。當客戶提出問題時，表示他正在期待供應商能想出辦法圓滿地幫他解決。如果這時候聽到這種回答，客戶的心裡一定會感到非常失望。

10.「改天我再和你聯絡。」

這也是一句極端不負責任的話。當客戶提出的問題需要一點時間來解決時，最好的回答應該是「三天後一定幫你辦好」或者「下個星期三以前我一定和您聯絡」。因為確定在幾天後可以辦成的說法，代表我們有信心幫客戶解決問題。

第八章
打鐵還需自身硬，練就一顆強大的心

第八章　打鐵還需自身硬，練就一顆強大的心

戰勝自己的畏懼心理

幾乎所有的藝術家表演時都怯場過，在出場前都有相同的心理恐懼：一切會正常無誤嗎？我會不會漏詞，忘記表情？我能讓觀眾喜歡嗎？

行銷大師貝特格從事推銷的頭一年時收入相當微薄，因此他只得兼職擔任斯沃斯莫爾學院棒球隊的教練。有一天，他突然收到一封邀請函，邀請他演講有關「生活、人格、運動員精神」的題目，可是當時他連面對一個人說話時都無法表達清楚，更別說面對一百位聽眾說話了。

由此貝特格意識到，只有先克服和陌生人說話時的膽怯與恐懼才能有成就，第二天，他向一個社團組織求教，最後得到很大進步。

這次演講對貝特格而言是一項空前的成就，它使貝特格克服了懦弱的性格。

業務員推銷商品時的感覺基本上與他們完全一樣。無論你稱之為怯場、放不開還是害怕，不少業務員很難坦然、輕鬆地面對客戶，很多業務員會在最後簽合約的緊要關頭突然緊張害怕起來，不少生意就這麼被毀了。

從打電話約見面談時開始，一直到令人滿意簽下合約，

這條路一直充滿驚險。沒有人喜歡被趕走,沒有人願意遭受打擊,沒有人喜歡當「不靈光」的失意人。

有一些業務員,在與客戶協商過程中,目標明確,手段靈活,直至簽約前都一帆風順,結果在關鍵時刻失去了獲得工作成果和引導客戶簽約的勇氣。

你會突然產生這種恐懼嗎?這其實是害怕自己犯錯,害怕被客戶發覺錯誤,害怕丟掉渴望已久的訂單。恐懼感一占上風,所有致力於目標的專注心志就會潰散無蹤。

在簽約的決定性時刻,在整套推銷魔法正該大展魅力的時刻,很多業務員卻失去了勇氣和掌控能力,忘了他們是業務員。

在這個時刻,他們卻像等待發成績單的學生,心裡只有聽天由命似的期盼:也許我命好,不至於留級吧!

業務員的心情就此完全改觀。前幾分鐘他還充滿信心,情緒高昂,但現在卻毫無把握,信心全無了。這種情況,通常都是以丟了生意收場。

客戶會突然間感覺到業務員的不穩定心緒,並藉機提出某種異議,或乾脆拒絕這筆生意。業務員大失所望,身心疲憊,腦子裡只有一個念頭:快快離開客戶。然後心裡沮喪得要死。

如何避免這種狀況發生呢?無疑只有完全靠內心的自我調節,這種自我調節要基於以下考慮:就好像業務員的商品能夠解決客戶的問題一樣,優秀的業務員應該能幫助客戶做

第八章　打鐵還需自身硬，練就一顆強大的心

出正確的決定。

業務員其實是個幫助人的好角色——那他有什麼好害怕的呢？簽訂合約這個推銷努力的輝煌結果，不能被視為（業務員的）勝利，或者（客戶的）失敗，反過來也是一樣，無所謂勝或敗，毋寧說是雙方都希望達到的一個共同目標，而業務員和客戶，本來就不是對立的南北兩極。

請你暫且充當一下推銷高手的角色吧，我們畫這樣一張圖：

你牽著客戶的手，和他一起走向簽約之路，帶他去簽約。客戶會覺得你親切體貼，而他的感激正是對你最好的鼓舞！在途中，客戶幾乎連路都不用看（他是被人引導的嘛），只顧著欣賞你帶他走過的美妙風景，而你卻以親切動人的體貼心情一路為他指引解說。

遊園之後，客戶會主動與你簽約並滿懷感激地向你道別。因為，達到目的是他一心嚮往的，何況這趟郊遊之旅又是如此美妙！

有沒有發覺在這裡為什麼要為你描述這麼一幅美好和諧的景象？因為，你把它轉化到內心深處，就一定能毫無畏懼地和客戶周旋！

其實，你只要打定主意在整個事件中扮演嚮導的角色就對了。在推銷商談的一開始，你要抓住客戶的手，一路引他

戰勝自己的畏懼心理

走到目的地。只有你知道帶客戶走哪一條路最好，而到達目的地時，你要適時說聲：「我們到了！」在途中，你有的是時間幫客戶的忙！因此他會感激你！

正如你已經了解的道理：消極的暗示（如我不害怕）通常不會產生正面的影響力。相反，上面那樣一幅正面的、無憂無懼的影像，才會被你的潛意識高高興興地接納吸收，並且加以強化！而你這位伸出援助之手的人，就當然不會害怕面對客戶，一定是信心十足地請客戶做決定——拿到你的合約。

業務員的推銷成績與推銷次數成正比，持久推銷的最好方法是「逐戶推銷」，推銷的原則在於「每戶必訪」。但是，並不是每一個業務員都能做到這一點。

「我家的生活水準簡直無法與此相比」，面對比自己更有能力、比自己更富有、比自己更有本領的人而表現出的自卑感，使某些業務員把「每戶必訪」的原則變為「視戶而訪」。

他們甩過的都是什麼樣的門戶呢？就是在心理上要躲開那些令人望而生畏的門戶，而只去敲易於接近的客戶的門。這種心理正是使「每戶必訪」的原則一下子徹底崩潰的元凶。

莎士比亞說：「如此猶豫不決，前思後想的心理就是對自己的背叛，一個人如若懼怕『試試看』的話，他就把握不了自己的一生。」因此，遇到難訪門戶不繞行，不逃避，挨家挨戶地推銷，戰勝自己的畏懼心理，推銷的前景才會一片光明。

第八章　打鐵還需自身硬，練就一顆強大的心

客戶頻繁拒絕並不是針對個人

業務人員是遭遇拒絕最頻繁的人群，許多初入此行的人，容易因挫折而灰心喪氣。這個時候業務人員最應該做的事情是反省自身，提高銷售技巧。最重要的是，不要被拒絕推垮。

小王是一名普通的業務員，他入職不久，只和熟人做過幾單小生意。有一次，出於業務需要，他約了一家大公司的老闆談生意。這次機會很難得，經過多次預約，這位老闆才答應和他見面。如果生意談成，他至少能拿到幾百萬的訂單。

自己從來沒有接觸過這種級別的人物，一想到這裡，小王就非常緊張，他生怕會出什麼亂子。進到對方的辦公室之後，他更是一下子被那豪華氣派的辦公室震懾住了。以至於見到這位老闆之後，結結巴巴幾乎說不出話來。經過很大努力，他終於結結巴巴地說出來幾句話：「先生……我早就……想見您……現在我來了……啊，卻緊張得說不出話來。」王先生修養很好，一直微笑地看著他。

奇怪的是，他開口承認自己心中的恐懼之後，恐懼卻一下子不復存在了。後續的談話就順利得多了。有過這次偶然的經歷，他學到了一條很管用的小竅門：每次遇到緊張的情況，就自己主動承認，然後緊張就自動消除了。

客戶頻繁拒絕並不是針對個人

《羊皮卷》上說:「我不是注定為了失敗才來到這個世界上的,我的血脈裡也沒有失敗的血脈在流動。我不是任人鞭打的羔羊,我是猛虎,不與羊群為伍。我不想聽失敗者的哭泣,抱怨者的牢騷,這是羊群中的性情,我不能被它傳染。失敗者的屠宰場不是我人生的歸宿。

「從今往後,我每天的奮鬥就如同對參天大樹的一次砍擊,前幾刀可能留不下痕跡,每一擊似乎微不足道,然而,累積起來,巨樹終將倒下。這正如我今天的努力。」

李貴是一名保險業務員。一開始做業務的時候,他很敏感。不單是害怕拒絕,哪怕客戶的一句冰冷的話語或一個冷漠的眼神都會讓他感覺如芒刺在背。有一次,他甚至和一個心急氣躁的客戶吵了起來。

由於長期沉浸在這種壓抑狀態中無法自拔,李貴的工作效率很低。雖然工作時間比別人長,也比別人努力,可是業績卻一直趕不上別人。

他偶然遇到了一位業務界的前輩高手,向對方傾訴自己的苦衷。對方聽到他的事情,語重心長地跟他講了一席話,讓他茅塞頓開、獲益匪淺:

「你的敏感其實是沒有意義的。你想啊,如果一個客戶拒絕了你,你之後也不會再見到這個人。在乎一個不存在的人的拒絕,豈不是很好笑?當然,一次拒絕並不代表就沒有機會。如果你最終得到了這個客戶,那麼之前的拒絕就屬於成

第八章　打鐵還需自身硬，練就一顆強大的心

功的過程，該值得驕傲才是。你以前之所以業績不好，就是因為對失敗和拒絕想不開，一直耿耿於懷。如果能夠一笑而過，就既能讓自己心情愉快，遺忘那些不開心的事，同時也容易獲得客戶的好感。何樂而不為呢？」

俗話說「萬事開頭難」，做業務也不例外。對新手來講，要順利開展業務，有兩個主要障礙需要克服。這兩個障礙都是精神層面的，即「害怕失敗」和「害怕拒絕」。

第一個案例告訴我們，承認害怕有助於消除害怕。初入行的業務人員都可以借鑑這個竅門。尤其不要害怕與大人物見面，而要把它當成是一種機會。當你遇見一個讓你害怕的大人物時，要直言不諱地承認你的恐懼，而不要害怕出醜而故意遮掩。

害怕拒絕，是另外一種恐懼心理。頂尖業務人員當然已經達到不怕拒絕的境界。如果有人對他們說「不」，他們也不會因此感到受傷或氣餒。他們不會因為遭到拒絕而沮喪地退回辦公室或車裡。因為他們有著強烈的自尊心和自我意識。但是很多人尤其是新手，常常會害怕潛在客戶說「不」，害怕目標客戶可能會對業務人員無禮、反感或批評。

按照定律，80% 的業務拜訪都會以被拒絕告終，原因可能是多方面的。但這並不一定就意味著業務人員自身或者他所銷售的產品或服務有什麼不好。人們說「不」只不過因為他

客戶頻繁拒絕並不是針對個人

們不需要,不想要,不能用,買不起或者別的原因。你必須明白拒絕絕不是針對個人的,拒絕與你個人沒有任何關聯。克服了這兩道障礙,不再害怕失敗,不再害怕拒絕,你就成功了一半。千萬不要無端自尋煩惱

我們許多人一生都背負著兩個包袱,一個包袱裝的是「昨天的煩惱」,一個包袱裝的是「明天的憂慮」。人只要活著就永遠有昨天和明天。所以,人只要活著就永遠揹著這兩個包袱。不管多沉多累,依然故我。

其實,你完全可以選擇另外一種生活,你完全可以去掉兩個包袱,把它扔進大海裡,扔進垃圾堆裡。

《聖經》有言:「不要為明天憂慮,明天自有明天的憂慮,一生的難處一天就夠了。」在猶太人中間流傳這樣一句名言:「會傷人的東西有3個,苦惱、爭吵、空的錢包。其中苦惱擺在三者之前。」

憂能傷人,從生理學的觀點來看,似乎理所當然。查爾斯‧赫拉斯‧梅奧醫生說:「煩惱會影響血液循環,以及整個神經系統。很少有人因為工作過度而累死,可是真的有人是煩死的。」

心理學家們認為,在我們的煩惱中,有40%都是杞人憂天,那些事根本不會發生。另外30%則是既成的事實,煩惱也沒有用。另有20%,我們擔心的事事實上並不存在。此

第八章 打鐵還需自身硬，練就一顆強大的心

外，還有10%，我們擔心的是日常生活中的一些雞毛蒜皮的小事。也就是說，我們大多數煩惱都是自尋煩惱。

素珊第一次去見她的諮商心理師，一開口就說：「我想你是幫不了我的，我實在是個很糟糕的人，老是把工作搞得一塌糊塗，肯定會被辭掉。就在昨天，老闆跟我說我要調職了，他說是升遷。可是如果我的工作表現真的好，幹嘛要把我調職呢？」

可是，慢慢地，在那些洩氣話背後，素珊說出了她的真實情況。原來她在兩年前拿了個MBA學位，有一份薪水優厚的工作。這哪能算是一事無成呢？

針對素珊的情況，諮商師要她以後把想到的話記下來，尤其在晚上失眠時想到的話。在他們第二次見面時，素珊列下了這樣的話：「我其實並不怎麼出色。我之所以能夠冒出頭來全是僥倖。」「明天定會大禍臨頭，我從沒主持過會議。」「今天早上老闆滿臉怒容，我做錯了什麼呢？」

她承認說：「單在一天裡，我列下了26個消極思想，難怪我經常覺得疲倦，意志消沉。」

素珊聽到自己把憂慮和煩惱的事唸出來，才發覺到自己為了一些假想的災禍浪費了太多的精力。

現實生活中，有很多自尋煩惱和憂慮的人，對他們來說，憂煩似乎成了一種習慣。有些人對名利過於苛求，得不到便煩躁不安；有些人性情多疑，老是無端覺得別人在背後

說他的壞話；有些人嫉妒心重，看到別人超過自己，心裡就難過；有些人把別人的問題攬到自己身上自怨自艾，這無異於引火燒身。

憂慮情緒的真正病源，應當從憂煩者的內心去尋找。大凡終日憂煩的人，實際上並不是遭到了多大的不幸，而是在自己的內在素養和對生活的認知上，存在著片面性。聰明的人即使處在憂煩的環境中，也往往能夠自己尋找快樂。因此，當受到憂煩情緒襲擾的時候，就應當自問為什麼會憂煩，從主觀方面尋找原因，學會從心理上去適應你周圍的環境。

所以，要在憂煩毀了你以前，先改掉憂煩的習慣。

不要去煩惱那些你無法改變的事情。你的精神氣力可以用在更積極、更有建設性的事情上面。如果你不喜歡自己目前的生活，別坐在那裡煩惱，起來做點事吧，設法去改善它。多做點事，少一點煩惱，因為煩惱就像搖椅一樣，無論怎麼搖，最後還是留在原地。

保持樂觀精神很重要。人生是一種選擇，人生是選擇的結果，不一樣的選擇會有不一樣的結果。你選擇心情愉快，你得到的也是愉快。你選擇心情不愉快，你得到的也是不愉快。我們都願意快樂，不願意憂愁。既然這樣，我們為什麼不選擇愉快的心情呢？畢竟，我們無法控制每一件事情，但

第八章　打鐵還需自身硬，練就一顆強大的心

我們可以選擇我們的心情。

每個人的觀念及價值觀不同，所以看待同一件事情所得到的反應也不同。你覺得是件快樂的事情，在別人看來卻有點傷感。每個人都有不同的快樂標準，也都有不一樣的憂愁。

吃葡萄時，悲觀者從大顆的開始吃，心裡充滿了失望，因為他所吃的每一顆都比上一顆小；而樂觀者則剛好相反。悲觀者決定學著樂觀者的吃法吃葡萄，但還是快樂不起來，因為在他看來他吃到的都是最小的一顆。樂觀者也想換種吃法，他從大顆的開始吃，依舊感覺良好，在他看來他吃到的都是最大的。

悲觀者的眼光與樂觀者的眼光截然不同，悲觀者看到的都令他失望，而樂觀者看到的都令他快樂。如果你是那個悲觀者，你不需要換種吃法，你只需要換一種看待事情的眼光。

謙虛反而是另一種聰明

一個人有一點能力，取得一些成績和進步，產生一種滿意和喜悅感，這是無可厚非的。但如果這種「滿意」發展為「滿足」，「喜悅」變為「狂妄」，那就成問題了。一旦這樣，已經取得的成績和進步，將不再是通向新勝利的階梯和起點，而成為繼續前進的包袱和絆腳石，那就會釀成悲劇。

在這個世界上，誰都在為自己的成功打拚，都想站在成功的巔峰上風光一下。但是成功的路只有一條，那就是學習，不過這條很擁擠，在這條路上，人們都行色匆匆，有許多人就是在稍一回首，品味成就的時候被別人超越了。因此，有句話很值得我們回味：「成功的路上沒有止境，但永遠存在險境；沒有滿足，卻永遠存在不足；在成功路上立足的最基本的要點就是：『學習，學習，再學習。』」

有一角力高手，渾身足有360種解數，每逢比武，靈活變化，交替使用，所以，每次出手都各不相同。他最喜歡的是長得英俊的那個小徒弟。他把自己的本事教給他359種，只保留一招未傳。小徒弟力大無比，學成後誰也敵不過他。

後來，小徒弟跑到國王面前誇下海口，說：「我之所以不願勝過師父，只因敬他年老，又看他是自己師父的份上。其

第八章　打鐵還需自身硬，練就一顆強大的心

實，我的本領和力氣，絕不比師父差。」

國王見他這樣目無師長，很不高興，令他師徒二人當著滿朝達官貴人的面，進行比武。那青年耀武揚威，不可一世地走進賽場，像頭憤怒的大象，彷彿他的對手是一座鐵山，他也會把他推倒。

他的師父見他力氣比自己大，只好使出留下未傳的那最後一招，一把將他扭住。他還不知怎樣招架，就已經被師父舉過頭頂，拋在地上，滿場的人都歡呼叫好。國王賞賜師父一襲錦袍子，並斥責那青年說：「你妄想和你師父較量，可是你失敗了。」

徒弟說：「陛下！他勝過我並不是憑力氣，而是用他留下沒教的那一點小本事，才把我打敗的。」

師父說：「我留下這一招，為的就是今天。聖人說過：『不要把本事全部教給你的朋友，萬一他將來變成敵人，你怎樣抵擋得住？』還有個從前吃過徒弟虧的人說過：『也不知是如今人心改變，還是世上本來沒有情義。我向他們傳授射箭技藝，最後他們卻把我當作天上的飛鵲。』今天看來，我當時的決定是對的。」

徒弟聽完後羞愧難當。

真正有本事、胸懷大志的人是不容易驕傲的，這是一個人的修養達到較高境界的表現。倒是那些胸無大志、一知半解的人，很容易驕傲。至於驕傲的本錢，有大有小，有的甚

至根本沒有,也會憑空驟生驕氣。要想在成功的道路上走得既堅定又穩健,必須戒驕戒躁,永不自滿。千萬不要做半瓶子醋,要以一種空杯為零的態度虛心學習,養成求取上進的良好學習習慣,這樣,我們才會在有所成績的基礎上更進一步。

第八章　打鐵還需自身硬，練就一顆強大的心

做業務這行一定得勤奮

業務員選擇了勤奮，就相當於選擇成功。勤才能補拙。發明家愛迪生曾說過：「天才是一分的天資，加上九十九分的努力」。意思是說後天的努力才是成功的關鍵所在。有些人知識能力不足，學習速度不如別人，專業能力也不夠，知道自己在先天條件上比不上別人，但仍想出人頭地，唯一可以感動客戶的力量就是這個「勤」字訣了，而且不乏很多成功的例子。

曾經有位推銷英文百科全書的超級業務員，是個只有國中畢業的媽媽，年逾四旬的她想在英文程度上在短期內速成，這根本就是一件不可能的任務，只能鑽研推銷技巧以彌補專業上的不足，於是她運用了最原始的純樸的外形來打前鋒。首先她拿了一條絲巾包住頭髮，然後再將一套百科全書包在布巾中，外形就像便當盒一般，準備妥當之後就提著去找某家公司的董事長。

當她以這種裝扮出現在公司的祕書面前時，大多數的祕書都以為是董事長的母親帶東西來了，於是絲毫不敢怠慢地引她進董事長的辦公室，而當她見到了董事長之後，還沒等對方問話，她就已經將布包開啟，把一套百科全書放到辦公

桌上面，並說：「我是某某公司職員，聽說這套英文百科全書只有您看得懂，所以想推薦給您，但是您千萬不要問我內容，因為我只有國中畢業而已，我什麼都不懂。」說完之後她就把臉垂下，一動也不動地站在辦公桌前，留下董事長一臉錯愕的神情。

靠著這個辦法，她得到許多訂單，當然大多數客戶會給予強烈的拒絕，然而她卻不死心地堅持以這種方式進行推銷，最後成為推銷界的頂尖高手，這就是勤勞的結果。

作為一名優秀業務員，要勤於接觸客戶。

俗話說見面三分情，人與人之間如果有幾分熟悉，說起話來就親切許多，尤其是臺灣人比較注重情感的交流，所以客戶的培養必須從勤於接觸開始。找機會和客戶建立友誼，從內心深處真誠地關心他，自然就可以獲得相對應的認同，面對業務員的要求，客戶也就不好意思拒絕了。這就是人際關係中面對面溝通能產生立即而善意回應的功能，特別是在談話之中，若能善用肢體的接觸，更可以影響對方的思想。

業務員也可以用肢體接觸來觸動客戶的注意力，不過在面對女性客戶時，使用這種方式要節制，以免有騷擾的意味，反而不妙。

作為一名傑出業務員，他們會勤練推銷技巧。

沒有人天生就具備超乎常人的推銷能力，任何推銷技巧

第八章　打鐵還需自身硬，練就一顆強大的心

都必須透過學習才能夠理解與運用，不論是來自於外力提供的知識，或是來自於內心中自我學習的進修。

在學習之後必須藉由不斷的練習來提升經驗與膽量，使之自然地成為自己推銷習慣的一部分，長久累積，推銷能力就如同爬樓梯一般，逐層地由下而上步步提升，同時也建立起自己扎實的信心，千萬不要好高騖遠，許多不切實際的人往往是說得多做得少，光說不練絕對是無法達到目標的，流於形式和花俏的推銷練習，對於推銷能力是完全沒有幫助的，說穿了只是花拳繡腿，根本不堪一擊。

總之，推銷這一行和其他行業一樣，都需要勤奮。勤能補拙，勤奮造就天才。

時間就是金錢，業務要有時間觀念

一天，時間管理專家為一群商學院的學生講課。「我們來個小測驗。」專家拿出一個一加侖的廣口瓶放在桌上。隨後，他取出一堆拳頭大小的石塊，把它們一塊塊地放進瓶子裡，直到石塊高出瓶口再也放不下了。他問：「瓶子滿了嗎？」所有的學生應道：「滿了。」他反問：「真的？」說著他從桌下取出一桶沙子，倒了一些進去。

「現在瓶子滿了嗎？」這一次學生有些明白了，「可能還沒有。」一位學生應道。「很好！」他伸手從桌下又拿出一桶沙子，把沙子慢慢倒進玻璃瓶。剛才已經填滿了所有間隙。他又一次問學生：「瓶子滿了嗎？」「沒滿！」學生們大聲說。然後專家拿過一壺水倒進玻璃瓶直到水面與瓶口齊平。他望著學生，「這個例子說明了什麼？」一個學生舉手發言：「它告訴我們：無論你的時間多麼緊湊，如果你真的再加把勁，你還可以做更多的事！」

「不，那還不是它的喻義所在。」專家說，「這個例子告訴我們，如果你不先把大石塊放進瓶子裡，那麼你就再也無法把它們放進去了。那麼，什麼是你生命中的『大石塊』呢？你的信仰、學識、夢想？或是和我一樣，傳道授業解惑？切切記住，得先去處理這些『大石塊』，否則你就將錯過終生。」

第八章　打鐵還需自身硬，練就一顆強大的心

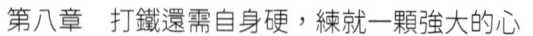

上帝是公平的，上帝給每個人的時間一樣多，每天的時間都是 24 小時，一天都是 86,400 秒。沒有誰比誰多一分鐘，亦沒有誰比誰少一分鐘。時間一樣多，但人的成就卻不一樣大，為什麼？就是因為對於時間的態度和管理策略不同。

除了把大部分時間和主要精力運用於重要事情上以外，還要學會：

◆ 利用瑣碎時間

工作與工作之間總會出現時間的空檔，人們都會在每件事情與事情之間浪費瑣碎的片段時間，例如等車、等電梯、搭飛機，甚至上廁所時，或多或少都會有片刻的空閒時間，如果我們不善加利用，這些時間就會白白溜走；倘若能夠善加利用，累積起來的時間所產生的效果也是非常可觀的。

業務員在等公車時有近 10 分鐘的空檔時間，若是毫無目標地與人閒聊或四下張望，就是缺乏效率的時間運用。如果每天利用這 10 分鐘等車的時間想一想自己將要拜訪的客戶，想一想自己的開場白，對自己的下一步工作做一下安排，那麼，你的推銷工作一定能順利展開。不要小看不起眼的幾分鐘，說不定正是由於這幾分鐘的策劃，你的推銷取得了成功。

◆ 妥善地規劃行程

在時間的運用上，最忌諱的是缺乏事前計劃，臨時起意，想到哪裡就做到哪裡。業務員拜訪客戶時，從甲客戶到

丙客戶的行程安排中,遺漏了兩者中間還有一個乙客戶的存在,等到拜訪完丙客戶時,才又想到必須繞回去拜訪乙客戶,這就是事先未做好妥善的行程規劃所致,如此一來,做事效率自然事倍功半。另外,某些私人事務也可以在拜訪客戶的行程中順道完成,來減少往返時間的浪費,例如:繳水電費、繳電話費、寄信、買車票等等。因此,一份完整的行程安排表是不可或缺的。

◆ **培養積極的時間概念**

凡事必須定出完成的時間,才會迫使自己積極地掌握時間,有句俗話:「住得近的人容易晚到」,其原因是住得近,容易忽略時間。例如:一些業務員為了方便上班,在離公司一步之遙的地方租房子,因為很快就可以到達公司,但也容易養成拖拖拉拉的壞習慣,結果往往是快遲到的時候,才驚覺時間已經來不及了。事實上,不是時間不夠用,而是因為消極的心態讓你疏忽了時間的重要性。因此,要改變自己的想法,就必須用正確而積極的態度面對時間管理,要求自己凡事都得限時完成,如此,事情才會一件接著一件地完成,這才是有效率的工作。

時間是最容易取得的資源,因為容易取得,所以我們也就容易輕視它的存在而恣意浪費,這種習慣會降低我們生存的價值。以最簡單的數學概念來計算,如果我們每天浪費1

第八章 打鐵還需自身硬，練就一顆強大的心

小時，1 年下來就浪費了 365 小時，1 天 24 小時中扣除 8 小時的休息時間，以 16 小時當作 1 天來計算，365 個小時等於 22 天，10 年下來就有 220 天，大約等於浪費了 1 年的可用時間，所以 1 個活到 70 歲的人若是每天浪費了 1 小時，其中就有接近 7 年的時間是白活了，想起來真是十分可怕的事！我們還能毫無限制地讓時間溜走而不懂得把握嗎？

業務員是可以自由支配自己時間的人，如果沒有時間概念，不能有效地管理好自己的時間，那麼推銷的成功就無從談起。

不斷更新你的知識儲備

有人認為業務員只是完全靠耍嘴皮子，只要跟客戶搞好關係，個人的學習和修養無關緊要。其實，最優秀的業務員，是最善於學習，最勤於學習的。學習不僅是一種態度，而且是一種信仰。

原一平有一段時間，一到星期六下午，就會自動失蹤。

他去了哪裡呢？

原一平的太太久惠是有知識有文化的日本婦女，因原一平書讀得太少，經常聽不懂久惠話中的意思。另外，因業務擴大，認識了更多更高層次的人，許多人的談話內容，原一平也是一知半解。

所以，原一平選定每星期六下午為進修時間，並且決定不讓久惠知道。

每週原一平都事先安排好主題。

原本久惠對原一平的行蹤一清二楚，可是自從原一平開始進修後，每到星期六下午，就失蹤了。久惠好奇地問原一平：「星期六下午你到底去了哪裡？」

原一平故意逗久惠說：「去找小老婆啊！」

第八章　打鐵還需自身硬，練就一顆強大的心

過了一段時間，原一平的知識長進了不少，與人談話的內容也逐漸豐富了。

久惠說：「你最近的學問長進不少。」

「真的嗎？」

「真的啊！從前我跟你談問題，你常因不懂而躲避，如今你反而理解得比我還深入，真奇怪。」

「這有什麼奇怪呢？」

「你是否有什麼事瞞著我呢？」

「沒有啊。」

「還說沒有，我猜想一定跟星期六下午的小老婆有關。」

原一平覺得事情已到這地步，只好全盤托出。

「我感到自己的知識不夠，所以利用星期六下午的時間，到圖書館去進修。」

「原來如此，我還以為你的小老婆才智過人。」

經過不斷努力，原一平終於成為推銷大師。

所以，真正的幸運之神永遠在有實力、有耐力的人旁邊，而要擁有這樣的實力，只有不斷學習、不斷進步。

無論什麼時候，學習都是非常重要的事情。要時時儲備知識，而且要掌握有用的知識，對知識要做好更新工作。有許多業務員，特別是新手，都會苦於沒有足夠的推銷資訊。

那麼，資訊從哪裡來呢？讓我們看看這兩位業務員是怎樣說的吧！

「你得多參加公共活動，多看書報雜誌，多動腦子，這樣才能獲取大量資訊。說白了就是要不斷學習，不斷豐富充實自己。」

「你們哪有時間讀書報雜誌並思索它呢？」

他們回答：「要學會利用時間。」

也許有人會說擠不出時間，那他永遠也不會成功。愛默生說：「知識與勇氣能夠造就偉大的事業。」

業務員要想成功，就要持續不斷地學習，讓自己的知識隨時儲備，不斷更新。

很多人在大學畢業拿到文憑以後就以為其知識儲備已經完成，足以應付職場中的各種情況，可以高枕無憂了。殊不知，文憑只能代表你在過去的幾年受過基礎訓練，並不意味你在後來的工作中就能應付自如，文憑沒有期限，但實際其效力是有期限的。有一家大公司的總經理對前來應徵的大學畢業生說：「你的文憑只代表你應有的教育程度，它的價值會展現在你的底薪上，但有效期只有三個月。要想在我這裡長久做下去，就必須知道你該學些什麼東西，如果不知道該學些什麼新東西，你的文憑在我這裡就會失效。」

第八章　打鐵還需自身硬，練就一顆強大的心

在這個急速變化的時代，學校教授的知識往往顯得過於陳舊，只有在工作階段繼續學習才能適應這種快速變化，滿足工作的需要，跟上時代的步伐。可見，文憑不能涵蓋全部知識的學習，不斷地獲得新知識和技能，才能在職場上得以立足和發展。

當今世界是一個靠學習力決定高低的資訊經濟時代，每個人都有機會勝出，要想永遠立於不敗之地，就必須擁有自己的核心競爭力，要想擁有超強的核心競爭力，就必須擁有超強的學習力。

業務人員需要不斷學習的知識主要包括以下幾種：

(1) 不斷學習市場行銷知識。作為一名優秀的業務員，其任務就是對企業的市場行銷活動進行組織和實施。因此，必須具有一定的市場行銷知識，這樣才能在理論基礎上，實踐活動及探索，在掌握市場銷售的發展趨勢上占優勢。

(2) 不斷學習心理學知識。現代企業的行銷活動是以人為中心的，它必須對人的各種行為，如客戶的生活習慣、消費習慣、購買方式等進行研究和分析，以便更好地為客戶提供最大的方便與滿足；同時實現企業利益的增加，為企業的生存和發展贏得一定的空間。

(3) 掌握一定的企業管理知識。一方面是為滿足客戶的要求；另一方面是為了使推銷活動展現企業的方針策略、達到企業的整體目標。

(4) 不斷學習市場知識。市場是企業和業務員活動的基本舞臺，了解市場執行的基本原理和市場行銷活動的方法，是企業和推銷獲得成功的重要條件。

第八章　打鐵還需自身硬，練就一顆強大的心

你的熱忱會感染客戶

俄亥俄州克里夫蘭市的史坦・諾瓦克下班回到家裡，發現他最小的兒子提姆又哭又叫地猛踢客廳的牆壁。小提姆十天後就要開始上幼稚園了，他不願意去，就這樣子以示抗議。按照史坦平時的作風，他會把孩子趕回自己的臥室去，讓孩子一個人在裡面，並且告訴孩子他最好還是聽話去上幼稚園。由於已了解了這種做法並不能使孩子歡歡喜喜地去幼稚園，史坦決定運用剛學到的知識：熱忱是一種重要的力量。

他坐下來想：「如果我是提姆的話，我怎麼樣才會樂意去上幼稚園？」他和太太列出所有提姆在幼稚園裡可能會做的趣事，例如畫畫、唱歌、交新朋友等等。然後他們就開始行動，史坦對這次行動做了生動的描繪：

「我們都在飯廳桌子上畫起畫來，我太太、另一個兒子鮑布和我自己，都覺得很有趣。沒有多久，提姆就來偷看我們究竟在做什麼，接著表示他也要畫。『不行，你得先上幼稚園才能學習怎樣畫。』我以我所能鼓起的全部熱忱，以能夠聽懂的話，說出他在幼稚園中可能會得到的樂趣。第二天早上，我一起床就下樓，卻發現提姆坐在客廳的椅子上睡著。『你怎麼睡在這裡呢？』我問。『我等著去上幼稚園，我不要遲到。』我們全家的熱忱已經鼓起了提姆內心裡對上幼稚園的渴望，而這一點是討論或威脅、責罵都不可能做到的。」

你的熱忱會感染客戶

熱忱並不是一個空洞的名詞，它是一種重要的力量。也許你的精力不是那麼充沛，也許你的個性不是那麼堅強，但一旦你有了熱忱，並好好利用它，所有的這一切都可以克服。你也許很幸運地天生即擁有熱忱，或者不太走運，必須透過努力才能獲得。但是，沒有關係，因為發展熱忱的過程十分簡單——從事自己喜歡的工作。如果你現在仍在感嘆自己是多麼討厭業務員這份差事的話，那麼還有兩個辦法讓你擁有熱忱：你現在是否已經有了自己的理想職業，你可以把它作為奮鬥的目標，但是不要忘了，你想從事的其他任何工作的前提是你擁有一個成功的歷史，那就是你先要做一個成功的業務員。只有這樣你所夢想的那些高階工作才會向你招手。

熱忱是一種狀態，誇張地說就是你24小時不斷地思考一件事，甚至在睡夢中仍念念不忘。當然，如果真的這樣做了，你會神經衰弱的。然而，這種專注對你的夢想實現來說卻很重要。它可以使你的欲望進到潛意識中，使你無論是清醒或是昏睡，都能集中自己的心志，使你有獲得成功的堅強意志。

你若經常或多或少有自卑感，常常低估自己，對自己失去信心，缺少熱忱。那麼請嘗試相信自己的健康、精力與忍耐力，嘗試相信自己具有強大的潛在力量，這種自信將會給予你極大的熱忱。請記住：熱愛自己就會幫助自己成功。

第八章　打鐵還需自身硬，練就一顆強大的心

熱忱可以使人成功，很多例子就可以說明這一點。「十分錢連鎖商店」的創辦人查爾斯・薩姆納・伍爾沃思（Charles Sumner Woolworth）說過：「只有對工作毫無熱忱的人才會到處碰壁。」「對任何事都沒有熱忱的人，做任何事都不會成功。」

當然，這是不能一概而論的，譬如一個對音樂毫無才氣的人，不論如何熱忱和努力，都不可能變成一位音樂界的名家。但凡是具有必需的才氣，有著可能實現的目標，並且具有極大熱忱的人，做任何事都會有所收穫，不論物質上或精神上都一樣。

關於這點，我們可以引用著名的人壽保險業務員法蘭克・貝特格的一些話加以說明。以下是貝特格在他的著作中所列出的一些經驗之談：

「當時是 1907 年，我剛轉入職業棒球界不久，遭到有生以來最大的打擊，因為我被開除了。因為我的動作無力，球隊的經理有意要我走人。他對我說：『你這樣慢吞吞的，哪像是在球場混了 20 年。法蘭克，離開這裡之後，無論你到哪裡做任何事，若不提起精神來，你將永遠不會有出路。』

本來我的月薪是 175 美元，離開之後，我參加了亞特蘭斯克球隊，月薪減為 25 美元。薪水這麼少，我做事很自然地沒有熱情，但我決心努力試一試。待了大約 10 天之後，一位名叫丁尼・密亨的老隊員把我介紹到新凡去。

在新凡的第一天,我的一生有了一個重要的轉變。因為在那個地方沒有人知道我過去的情形,我就決心變成新英格蘭最具熱忱的球員。為了實現這點,當然必須採取行動才行。

我一上場,就好像全身帶電。我強力地投出高速球,使接球的人雙手都麻木了。記得有一次,我以強烈的氣勢衝入三壘,那位三壘手嚇呆了,球漏接,我就盜壘成功了。當時氣溫高達華氏100度,我在球場奔來跑去,極可能中暑而倒下去。

這種熱忱所帶來的結果,真令人吃驚——我心中所有的恐懼都消失了,發揮出意想不到的技能;由於我的熱忱,其他的隊員跟著熱忱起來;我不但沒有中暑,在比賽中和比賽後,還覺得從沒有如此健康過。

第二天早上,我讀報的時候,興奮得無以復加。報上說:『那位新加進來的貝特格,無異是一個霹靂球,全隊的人受到他的影響,都充滿了活力。他們不但贏了,而且是本季最精采的一場比賽。』

由於熱忱的態度,我的月薪由25美元提高為185美元,多了7倍。

在往後的2年裡,我一直擔任三壘手,薪水加到30倍之多。為什麼呢?就是因為一股熱忱,沒有別的原因。」

後來貝特格的手臂受了傷,不得不放棄打棒球。接著,他到菲特列人壽保險公司當保險員,整整一年多都沒有什麼

第八章　打鐵還需自身硬，練就一顆強大的心

成績，因此很苦悶。但後來他又變得熱忱起來，就像當年打棒球那樣。

再後來，他成了人壽保險界的大紅人。不但有人請他撰稿，還有人請他演講自己的經驗。他說：「我從事推銷已經30年了。我見到許多人，由於對工作抱著熱忱的態度，使他們的收入成倍地增加起來。我也見到另一些人，由於缺乏熱忱而走投無路。我深信唯有熱忱的態度，才是成功推銷的最重要因素。」

如果熱忱對任何人都能產生這麼驚人的效果，對你我也應該有同樣的功效。所以，可以得出如下結論：熱忱的態度，是做任何事必需的條件。我們都應該深信這一點。任何人，只要具備這個條件，都能獲得成功，他的事業，必會飛黃騰達。

丟棄抱怨，在反省中成長

很多業務員喜歡抱怨客戶，抱怨老闆，但就是不會反省，意識不到自己身上的缺點和毛病，結果是屢犯錯誤難以獲得提升或成長。只有善於反省，才不會重複犯錯，才能一步一個腳印地前進。

[案例一]

新約聖經裡就有一則這樣的故事：對基督懷有敵意的法利賽人，有一天，將一個犯有姦淫罪的女人帶到基督面前，故意為難耶穌，看他如何處置這件事。如果依教規處以她死刑，則基督便會因殘酷之名被人攻訐，反之，則違反了摩西的戒律。基督耶穌看了看那個女人，然後對大家說：「你們中間誰是無罪的，誰就可以拿石頭打她。」

喧譁的群眾頓時鴉雀無聲。基督回頭告訴那個女人，說：「我不定妳的罪，去吧！以後不要再犯罪了。」

[案例二]

日本近代有兩位一流的劍客，一位是宮本五藏，另一位是柳生又壽郎。宮本是柳生的師父。

當年，柳生拜師學藝時，問宮本：「師父，根據我的資

第八章　打鐵還需自身硬，練就一顆強大的心

質，要練多久才能成為一流的劍客呢？」

宮本答道：「最少也要 10 年吧！」

柳生說：「哇！10 年太久了，假如我加倍努力地苦練，多久可以成為一流的劍客呢？」

宮本答道：「那就要 20 年了。」

柳生一臉狐疑，又問：「如果我晚上不睡覺，夜以繼日地苦練，多久可以成為一流的劍客呢？」

宮本答道：「你晚上不睡覺練劍，必死無疑，不可能成為一流的劍客。」

柳生頗不以為然地說：「師父，這太矛盾了，為什麼我越努力練劍，成為一流劍客的時間反而越長呢？」

宮本答道：「要當一流的劍客的先決條件，就是必須永遠保留一隻眼睛注視自己，不斷地反省。現在你兩隻眼睛都看著一流劍客的招牌，哪裡還有眼睛注視自己呢？」

柳生聽了，如醍醐灌頂，當場開悟，終成一代名劍客。

第一個故事告訴我們，當要責罰別人的時候，先反省自己可曾犯錯。蘇格拉底說：「沒有經過反省的生命，是不值得活下去的。」有迷才有悟，過去的「迷」，正好是今日「悟」的契機。因此經常反省，檢視自己，可以避免偏離正道。

我們從第二個故事得到的啟示則是，要當一流的劍客，光是苦練劍術不管用，必須永遠留一隻眼睛注視自己，不斷地反省；要當一流的推銷家，光是學習推銷技巧也不管用，

也必須永遠留一隻眼睛注視自己,不斷地反省。要真正認識自己,必須依靠自己與別人,自己就是前述的自我剖析,別人就是他人的批評。由於自我剖析往往不夠客觀與深入,因此得依賴他人的批評。

所謂「反省」,就是反過身來省察自己,檢討自己的言行,看自己犯了哪些錯誤,看有沒有需要改進的地方。

一般地說,自省心強的人都非常了解自己的優劣,因為他時時都在仔細檢視自己。這種檢視也叫做「自我觀照」,其實質也就是跳出自己的身體之外,從外面重新觀看審察自己的所作所為是否是最佳的選擇。這樣做就可以真切地了解自己了,但審視自己時必須是坦率無私的。

能夠時時審視自己的人,一般都很少犯錯,因為他們會時時考慮:我到底有多少力量?我能做多少事?我該做什麼?我的缺點在哪裡?為什麼失敗了或成功了?這樣做就能輕而易舉地找出自己的優點和缺點,為之後的行動打下基礎。

主動培養自省意識也是一種能力,要培養自省意識,首先得拋棄那種「只知責人,不知責己」的劣根性。當面對問題時,人們總是說:

「這不是我的錯。」

「我不是故意的。」

「沒有人讓我別這樣做。」

第八章　打鐵還需自身硬，練就一顆強大的心

「這不是我做的。」

「本來不會這樣的，都怪⋯⋯」

這些話是什麼意思呢？

「這不是我的錯」是一種全盤否認。否認是人們在逃避責任時的常用手段。當人們乞求寬恕時，這種精心編造的藉口經常會脫口而出。

「我不是故意的」則是一種請求寬恕的說法，透過表白自己並無惡意而推卸掉部分責任。「沒有人讓我別這樣做」表明此人想藉裝傻矇混過關。

「這不是我做的」是最直接的否認。

「本來不會這樣的，都怪⋯⋯」是憑藉擴大責任範圍推卸自身責任。

找藉口逃避責任的人往往都能僥倖逃脫。他們因逃避或拖延了自身錯誤的社會後果而自鳴得意，卻從來不反省自己在錯誤的形成中產生了什麼作用。

為了免受譴責，有些人甚至會選擇欺騙手段，尤其是當他們是明知故犯的時候。這就是所謂「罪與罰兩面性理論」的中心內容，而這個論斷又揭示了這一理論的另一方面。當你明知故犯一個錯誤時，除了編造一個敷衍他人的藉口之外，有時你會給自己找出另外一個理由。

為你的工作而驕傲

想一想,小到一支幾塊錢的鉛筆,大到價值數百億的交易,是不是都離不開商業銷售?我們每個人,不論性別、年齡、職位……是不是沒有誰能夠離開銷售活動?那麼,在商業社會中,誰才是最重要的人?

答案是,業務員。

工作占據了幾乎所有人生命中最長的階段。人生就是不停地自我展示和自我實現。工作不僅是人生的必經階段,更是一個人展示自己能力的舞臺,和實現自身價值的平臺。在這個舞臺上,人們的知識、才能和素養都會一一得到展示。在展示的過程中,不僅有機會自我表現,更能實現個人使命感的滿足。

很多人都覺得業務工作很平凡。其實不然,這個世界沒人能離得開業務。正是數以千萬計的業務大軍,支撐著現代社會的商業體系。他們為每個消費者帶去方便和溫暖。對業務界的從業人員來說,不管是高層的業務經理,還是底層的業務代表,其所從事的業務工作都是有價值的。

業務應該被看作一種服務性的職業,業務員在給客戶帶

第八章　打鐵還需自身硬，練就一顆強大的心

來方便的同時，也可以從中獲得客戶的認可和尊重。對於業務工作來講，各式各樣的挫折和打擊，是在所難免的。你要從另一個角度看待這個問題，只有在征服困難的過程中，一個人才能獲得最大的滿足。

成功只屬於有準備的人。業務員要明白自己不僅是在為老闆工作，還是在為自己的未來工作。一分的努力，一分的收穫。唯有努力工作，方有可能贏得尊重，並進而實現內心的價值感。即使自己的工作很平凡，也要學會在平凡的工作中尋找不平凡的地方。工作中無小事，並不是所有人都能把每一件簡單的事都做好。能做到的絕對不簡單。

既然選擇了業務這種職業，就應該全身心投入進去，用努力換取應有的報酬，而不應該因為對當下的工作不滿意，而每天消極地應付。走腳下的路的同時，也要把目光望向長遠。

有兩位大學生畢業後同時進入一家公司，又同時成為該公司的業務代表。

第一位雖然也知道這種基礎的工作並不讓人滿意，但他仍然每天兢兢業業地工作，把每一個專案都做到最好。更重要的是，他做了長遠規劃。他把當下的業務工作當作未來事業的起點，不斷地在實踐中認真學習和提高自己的能力；他善於思考，經常花費時間和精力去解決市場中的問題；他每

為你的工作而驕傲

天都能積極樂觀地面對自己遇到的一切難題,並對自己的前途充滿希望。

另一位則只是把業務當作當下謀生的手段,對工作沒熱情。每天按部就班地照公司的規定辦事,還時不時偷個懶。雖然表面上他也能把應該完成的業績完成,但也僅限於此,從不多考慮一步。他還非常看重薪水,在這家公司沒做多久,就跳槽去了另一家薪水稍高的公司。

十年過去了,兩人的發展截然不同。前者因為業績突出,能力超強,不斷獲得主管賞識,一路升遷,已經成為那家公司的業務總裁;後者則不斷跳槽,每次都是追求更高一點的薪水,但做來做去一直都是業務員而已。

「不想當將軍的士兵不是好士兵。」工作中每個人都擁有成為優秀員工的潛能,都擁有被委以重任的機會。但只有你努力工作,一心向上,機會才能輪到你。

一個人一定要明白自己工作的目的和價值,要知道工作不僅僅是為了獲得更新和賺到更多的錢。人的需求有不同層次,最基本的是生存需求到安全需求,然後是社會的需求、他人的需求,最後是自我實現的需求。解決溫飽、獲得安全、賺取收入是每個人都必需的,但人們還需要建立良好的人際關係,獲得他人的認可和尊重,在社會中找到自己的位置。

第八章　打鐵還需自身硬，練就一顆強大的心

業務員要為自己的工作感到驕傲和自豪，因為好多偉大的人都是從這一行起家的。我們熟知的世界上最偉大的業務員，如原一平、布萊恩‧崔西（Brian Tracy）、克萊門特‧斯通（William Clement Stone）等，都是從最底端做起的。他們對自己的工作充滿熱情，為自己的工作感到驕傲，從而在自己能夠勝任的職位上最大限度地發揮自己的能力，實現自己的價值。夢不是靠想出來的，是靠做出來的。只要你能夠積極進取，就會從平凡的工作中脫穎而出。因此，做業務要樹立正確的價值觀，找到自己前進的方向，並為之努力奮鬥。

爲你的工作而驕傲

國家圖書館出版品預行編目資料

上癮式成交，與客戶零距離的銷售心理學：互惠誘導 × 現場示範 × 數據引用 × 增加曝光度，賣不出去不是產品差，是業務缺乏仔細觀察！/ 厲鉞 著．-- 第一版．-- 臺北市：樂律文化事業有限公司，2024.11
面；　公分
POD 版
ISBN 978-626-7552-69-8(平裝)
1.CST: 銷售 2.CST: 行銷心理學 3.CST: 顧客關係管理
496.5　　　　　　　　113016988

電子書購買

爽讀 APP

上癮式成交，與客戶零距離的銷售心理學：互惠誘導 × 現場示範 × 數據引用 × 增加曝光度，賣不出去不是產品差，是業務缺乏仔細觀察！

臉書

作　　者：厲鉞
責任編輯：高惠娟
發 行 人：黃振庭
出 版 者：樂律文化事業有限公司
發 行 者：崧博出版事業有限公司
E - m a i l：sonbookservice@gmail.com
粉 絲 頁：https://www.facebook.com/sonbookss/
網　　址：https://sonbook.net/
地　　址：台北市中正區重慶南路一段 61 號 8 樓
8F., No.61, Sec. 1, Chongqing S. Rd., Zhongzheng Dist., Taipei City 100, Taiwan
電　　話：(02) 2370-3310　　傳　　真：(02) 2388-1990
律師顧問：廣華律師事務所 張珮琦律師
定　　價：420 元
發行日期：2024 年 11 月第一版
◎本書以 POD 印製
Design Assets from Freepik.com